Ondes et catastrophes

Du même auteur chez France Europe Editions :

Les P'tiots de Beaune, 2002
De l'eau dans le vin, 2004
Drôles d'escholiers, 2006

Michel Remoissenet

ONDES ET CATASTROPHES

Du soliton au tsunami

Le Code de la propriété intellectuelle interdit les copies ou reproductions destinées à une utilisation collective. Toute représentation ou reproduction intégrale ou partielle faite par quelque procédé que ce soit, sans le consentement de l'auteur ou de ses ayants cause, est illicite et constitue une contrefaçon sanctionnée par les articles L.335- 2 et suivants du Code de la propriété intellectuelle.

Illustrations de couverture : *images Denis Laloge d'après les peintures de Roseline Laloge.*

Contact auteur : michel.remoissenet@club-internet.fr

© 2008 Michel Remoissenet
Editions : Books on Demand 12/14 rond point des Champs Elysées, 75008 Paris, France.
Imprimé par Books on Demand GmbH, 22848 Norderstedt Allemagne.
ISBN : 978-2-8106-0752-5
Dépôt légal : octobre 2008

Remerciements

J'exprime ma gratitude à Marie-Claire, ma femme, pour ses critiques de tous les instants et ses précieux conseils.
Je remercie Geneviève et Yves Becker, Danielle et Jean Gauthier, Nicole et Gilbert Halley, Roselyne et Denis Laloge, Marthe Petiot pour leur relecture attentive et leurs commentaires.

Au profane, à l'expert, au passionné : à tous ceux qui, de près ou de loin, sont concernés par le monde fascinant des ondes.

1. Vagues géantes et solitons

Dans un grondement sourd, l'impressionnant mur d'eau d'environ sept mètres de hauteur se dresse face à la plage, tel un prédateur. L'énorme vague d'un vert légèrement bleuté progresse en déferlant. Au coeur du « tube » formé par la crête écumante qui s'enroule sur elle-même, la silhouette du surfeur paraît bien menue et fragile. Dans la gueule du monstre qui semble vouloir le happer et le broyer, il n'a pas droit à la moindre erreur. Concentré sur sa trajectoire, bien campé sur sa planche, par petites touches subtiles et souples, il corrige son équilibre et sa direction. Transporté par l'onde, il fait corps avec elle et glisse en synchronisme avec ses translations et ses déformations. La vague est à la fois superbe et menaçante ; dans cette ambiance écumante, quasiment surréaliste, il exulte. Le temps semble s'arrêter, c'est un moment de bonheur inexplicable et de jouissance suprême.

Il a bien préparé son coup, ses efforts sont récompensés. Hier soir, puis à nouveau ce matin à l'aube, il a soigneusement consulté les prévisions des sites internet consacrés au surf : la hauteur de la houle et la vitesse du vent ainsi que les conditions météo et celles de marée. Il a bien négocié la phase délicate du décollage sur cette vague puissante et a effectué un virage dans le sens de l'ouverture de cette dernière, tout en utilisant la pente générée le long du déferlement. Vu son entraînement et ses capacités de surfeur - il n'est ni un spécialiste des grosses vagues, ni un compétiteur cherchant à prendre la vague pour exécuter un maximum de figures - il essaie de se faire plaisir en suivant la trajectoire la plus directe possible sur des vagues de dimensions raisonnables.

Brusquement, quelque chose cloche, il n'apprécie plus la vague et dévie de sa trajectoire idéale : ces quelques secondes d'autosatisfaction l'ont probablement déconcentré. Sentant la planche piquer du nez, il recule un peu pour corriger le décalage mais la planche se cabre et remonte un peu trop le long des parois du tube, rien ne va plus, la vague semble ralentir.

- Du calme, il n'est pas question de chuter dans le tube et de se payer le fond ! se dit-il en portant toute son attention sur la modification du placement de son centre de gravité et évitant de céder à la panique. Sa première manoeuvre n'est pas une réussite car il manque de perdre définitivement son équilibre et se rattrape en s'accroupissant légèrement et déplaçant un pied. Ses manœuvres suivantes s'enchaînent de manière trop saccadée et semblent le conduire à nouveau à la catastrophe. Sa trajectoire prend une tournure scabreuse et échappe totalement à son contrôle. Puis, subitement, après quelques corrections de position à l'instinct il retrouve ses sensations en filant dans le creux de la vague dont il sort alors qu'elle déferle en grondant dans son sillage. La fréquence de ses battements cardiaques diminue et redevient normale. L'alerte a été chaude et il ne sait pas trop comment il a redressé une situation fort compromise.

En ce début juin quelques nuages parsèment le ciel encore pâle, le soleil se profile à peine au-dessus de l'horizon. Sans relâche les immenses rouleaux à crête blanche déferlent en grondant sur l'immense plage. Heureux, pataugeant dans la mince couche d'eau qui se retire en bruissant sous ses pieds, il marche en direction des copains, des vétérans comme lui qui sont venus surfer à cette heure matinale et qui ont suivi avec inquiétude ses évolutions depuis la plage.

- Chapeau Eric, un beau tube classique sur ce fond de sable. Mais la vague était balèze et tu t'en es bien sorti ! fait un grand costaud, un surfeur confirmé.

- Oui, n'empêche que j'en transpirais intérieurement. J'ai bien cru prendre la gamelle ! Quand même ce fut un moment d'extase.

Chacun le gratifie d'une tape amicale sur l'épaule et y va de son appréciation.

- Tu te débrouilles encore pas mal avec ta planche. Souviens-toi de notre époque folle, ta passion des ondes te guiderait-elle toujours avec autant de vigueur ?

- Vous êtes sympas les gars mais je commence à ne plus me sentir tellement dans le coup pour négocier de tels monstres ! Mais c'est un tel bonheur de chevaucher ces magnifiques vagues de houle qui ont parcouru des milliers de kilomètres. Le spectacle est grandiose quand on les contemple depuis la plage, mais c'est tellement grisant quand on est dessus. Je n'arrive pas à croire qu'elles ont parcouru des milliers de kilomètres pour venir sur cette côte atlantique et nous permettre de nous régaler.

Attablée devant un solide petit-déjeuner, l'équipe de surfeurs fanatiques commente la qualité des vagues de houle et celle de leurs propres prestations. Assis en bout de table, Eric se laisse emporter par la rêverie. Il se revoit sur les bancs de l'amphi quand il prenait des notes tandis que le prof débitait sa harangue ondulatoire :

- Mesdemoiselles et messieurs, ayez à l'esprit que d'un point de vue physique les vagues à la surface de l'eau sont des ondes voyageant dans un milieu au même titre que les ondes mécaniques, acoustiques... avec lesquelles vous avez l'impression d'être familier ! Pour une onde sonore le milieu est l'air, pour une onde de foule dans un stade, ou Ola, le milieu est constitué par les fans ou les supporters. En réalité, comme il n'est pas facile de décrire ces ondes de matière, examinons les caractéristiques du mouvement des ondes à la surface de l'eau dont l'amplitude est suffisamment importante et dont on peut suivre la progression en temps réel et à faible vitesse.

Une onde, constituée par une seule vague ou par une succession de vagues que l'on appelle un train d'ondes, transfère une perturbation, c'est-à-dire une certaine quantité d'énergie, d'un endroit d'un milieu matériel à un autre. Par exemple la déformation locale de la surface d'un bassin, quand on y jette une pierre, se transmet à distance par l'intermédiaire de rides ou vaguelettes. Ces dernières se propagent vers les bords mais le milieu matériel, c'est-à-dire l'eau, ne se transporte pas. On peut le vérifier en plaçant un flotteur à la surface de l'eau, il va osciller sur place au rythme du passage des vaguelettes. Ces simples observations nous donnent une idée du comportement de ces ondes de surface. Le flotteur avance dans la direction des vagues quand il est au sommet et recule quand il est dans le trou. Quand le train de vagues est passé, on retrouve le flotteur à la même place : l'eau, c'est-à-dire le milieu matériel, n'est pas transportée par les vagues, c'est l'énergie qui voyage avec elles. Ce phénomène est connu des plongeurs : sous l'eau, la rotation locale de ce fluide tour à tour accélère puis diminue leur progression.

À une plus grande échelle, quand le vent souffle en une région de l'océan, il déforme par friction la surface de l'eau, pendant un certain temps et sur une certaine distance, pour créer des vagues dont l'amplitude - c'est-à-dire la moitié de la hauteur totale H entre la crête et le creux - et la distance L entre crêtes ou longueur d'onde, dépendent de sa force F. Si la cause F est faible, l'effet H l'est aussi et varie proportionnellement à la cause. En d'autres termes, dans le cas des petits mouvements, cette variation est dite linéaire. Par contre si F est forte, H est grande et varie non proportionnellement ou non linéairement avec F. Cet effet peut se traduire par un raidissement du front de la vague, son instabilité et son déferlement.

Pour les marins et les surfeurs, le rapport H/L définit la cambrure ou raideur de la vague, dépendant de sa forme entre la crête et le creux, c'est un paramètre très important. Une fois formés, les trains d'ondes se propagent à la vitesse V= L/T - où T, la période temporelle, correspond au temps mis par une crête pour parcourir la longueur L - vers d'autres endroits, comme par exemple d'autres rivages, loin du vent qui les a créées ! Elles constituent ce que l'on appelle la houle. En approchant des côtes la profondeur de l'eau diminue, cela joue sur la vitesse de déplacement de la crête et du creux de l'onde : la crête se déplace plus rapidement que le creux, elle devient abrupte puis instable. Comme précédemment pour la déformation de la surface de l'eau par le vent, on a successivement : la compression, le raidissement du front de la vague et son déferlement. Cette dynamique dite non linéaire correspond à un effet mesurable qui n'est pas proportionnel à la cause !

Sa rêverie est interrompue par l'arrivée d'un copain :
- Alors Eric tu quittes Hossegor lundi ?
- Oui, cette semaine de vacances a filé comme l'éclair ! fait-il en revenant à la réalité.

Eric est né en Bourgogne, mais il connaît bien cette ville où ses parents possèdent une résidence de famille où il a souvent passé des vacances depuis sa tendre jeunesse. Très tôt il se passionne pour la science. Ses études de physique se prolongent par une thèse sur les propriétés exotiques de certains types d'ondes, un domaine qui le fascine depuis toujours. On lui propose un poste de chercheur, il le refuse. Sa perpétuelle envie de bouger l'emporte sur l'intérêt scientifique, il se voit mal passer sa vie dans l'univers restreint d'un laboratoire. Au début son parcours professionnel est assez chaotique. Après une succession de petits boulots, son besoin d'action et son envie d'écrire l'entraînent dans le monde du journalisme. Comme beaucoup de jeunes diplômés, il commence comme pigiste en travaillant dur pour plusieurs journaux à la fois. Ne ménageant pas sa peine et doté d'une bonne culture pluridisciplinaire il est embauché comme journaliste pour devenir, quelques années plus tard, grand reporter dans un hebdomadaire national. Il bourlingue dans le monde entier pendant de nombreuses années et couvre de nombreux conflits - qui n'ont rien de scientifique - il se rend au Népal, au Congo, en Afghanistan, en Côte d'Ivoire, en Tchétchénie, au Pakistan, au Liban...

Tout récemment, au retour d'un de ses périples, le rédacteur en chef du journal le convoque :
- Eric, tu as des connaissances scientifiques solides et je voudrais t'entretenir d'un sujet qui me tient à cœur depuis quelque temps. On parle beaucoup d'une augmentation du nombre de catastrophes, dites

naturelles, elles seraient liées au réchauffement climatique. Néanmoins la situation n'est pas claire, il semble qu'à côté du développement humain anarchique et des erreurs multiples de nos sociétés dites civilisées, il y aurait des évènements ou phénomènes plus ou moins mystérieux qui joueraient un rôle non négligeable dans l'émergence des processus dévastateurs. J'aimerais que tu enquêtes sur ce sujet !

- Ta proposition me fait grand plaisir ! s'exclame Eric. Je pense, si tu es d'accord, qu'il faudrait démystifier ces évènements en les rendant accessibles au grand public. Je pourrais centrer mon reportage sur les ondes susceptibles de générer des catastrophes. Je te propose cela car depuis toujours, comme tu le sais, je suis fasciné par ces manifestations ondulatoires naturelles.

- C'est une idée séduisante, organise ton reportage à ta guise, tu as carte blanche !

- Tu commences un nouveau job ? la question du copain le ramène à nouveau à la réalité :

- Oui, je pense mener une vie moins mouvementée. Mon journal vient de me faire une proposition de reportage sur les risques naturels de nature ondulatoire. C'est une aubaine car ce sujet m'a toujours attiré. Depuis quelques jours, j'accumule les documents et je commence de traquer les phénomènes naturels dévastateurs en me polarisant sur les ondes de grande ampleur ! répond-il en ne précisant pas le fond des choses. D'après les dernières statistiques sérieuses, il semble que le nombre de catastrophes dites naturelles, mettant en jeu des ondes, serait en augmentation non négligeable. La situation n'est pas claire et prête à polémique. Il est donc intéressant de savoir si ces phénomènes sont d'origine purement naturelle ou si les activités humaines jouent un rôle non négligeable.

- Comme les tsunamis ?

- Oui c'est un exemple mais il y en a beaucoup d'autres et je les découvre au fur et à mesure de mon enquête. Ces ondes peuvent provoquer des catastrophes - au sens désastre matériel et humain, non pas au sens mathématique de la théorie des catastrophes du mathématicien français René Thom, visant à décrire les phénomènes discontinus à partir de modèles continus - et figure-toi que pour l'instant je me focalise sur les vagues scélérates, appelées « rogue » ou « freak waves » en anglais. Ce sont des vagues monstrueuses capables de provoquer des naufrages en un endroit de l'océan !

- Quelle est la différence avec le tsunami ?

- D'après mes modestes connaissances toutes fraîches, en mer le tsunami est souvent généré par une secousse sismique sous-marine et il est de très faible hauteur - par exemple 50 cm pour une longueur d'onde de cent kilomètres comme ça été le cas à Bandah Aceh en Asie en décembre 2004 - il passe donc inaperçu au large. Il ne se révèle qu'à l'approche des côtes. En effet comme la profondeur diminue, la vague se comprime et sa hauteur peut alors atteindre plusieurs mètres suivant les endroits. En revanche, sa vitesse peut diminuer d'un facteur dix comme à Bandha Aceh.

Par contre la vague scélérate, comme les vagues de houle sur lesquelles vous surfez, résulte de l'action du vent sur l'océan. Lors d'une tempête, de grosses vagues de hauteurs différentes se créent. Supposons qu'elles aient une hauteur moyenne d'une douzaine de mètres. Eh bien, il arrive parfois qu'une vague gigantesque surgisse soudain parmi elles sans que l'on sache pourquoi. Sa hauteur peut atteindre 20 à 30 mètres de haut pour une longueur de quelques centaines de mètres, c'est un véritable mur d'eau dévastateur !

Ces paroles font dresser l'oreille des autres surfeurs. Intrigués par l'ampleur de ces vagues extrêmes ils s'invitent spontanément dans la discussion qui devient vite passionnée et vivante.

- Je pensais que pour l'instant on ne connaissait pas grand-chose de ces vagues ! avance un jeune.

- En effet le problème est complexe, depuis des siècles elles font partie du folklore maritime. Mais depuis une dizaine d'années on a commencé à prendre conscience de leur réalité et de l'intérêt à les étudier, à la fois pour la sécurité maritime et pour leur aspect scientifique !

- C'est vrai, j'ai lu que dans les temps anciens les marins rescapés parlaient de murs d'eau gigantesques et abrupts, ou de trous dans la mer naissant de nulle part !

Les récits concernant ces vagues géantes sont nombreux. Au 19ème siècle le navigateur Dumont d'Urville prétendait avoir rencontré à bord de l'Astrolabe des vagues gigantesques alors qu'il explorait les côtes de la Nouvelle-Zélande et de la Nouvelle-Guinée. Il fut considéré comme un plaisantin !

En janvier 1959, le pont d'envol d'un porte-avions américain, le USS Valley Forge, est très endommagé par une vague. En 1978, le München, un cargo tout neuf et de grandes dimensions disparaît sans laisser de traces. En 1980, à bord du super tanker Esso Languedoc, un type réussit à prendre une photo de l'énorme vague qui s'abat sur le pont arrière en ne causant que des dommages mineurs. C'est un des rares clichés de ce genre d'onde monstrueuse. Bien d'autres récits et témoignages s'accumulent !

- Qu'en pensent les spécialistes ?
- Eh bien beaucoup restent sceptiques devant de tels évènements aux relents de sirènes ou de monstres des océans !
- Il en faut plus pour les convaincre ?
- Tout à fait, récits et témoignages continuent de s'accumuler. En janvier 1995, la plateforme de forage Draupner en mer norvégienne est balayée par une vague dont la hauteur de 26m, mesurée par le télémètre laser de bord - un appareil spécial pour mesurer la hauteur des vagues - dépasse largement les vagues normales de 12m. Ceci est vraiment une preuve indubitable de l'existence de ces vagues extrêmes. En février 1995 au large de Terre Neuve, le Queen Elisabeth 2 rencontre une vague de 29 m dans l'Atlantique Nord. En avril 2005, au large de la Caroline du Sud une vague géante de 21 m, soit la hauteur d'un immeuble de sept étages, surgit de nulle part. Elle s'abat sur le pont

de l'Aube Norvegian et fait voler les sièges et éclater les vitres, inonde les cabines, blesse des passagers et sème une panique indescriptible. En mai 2006, le Pont Aven rencontre au large d'Ouessant une vague dont la hauteur est estimée à 20 m. Ces vagues scélérates sont dangereuses car elles apparaissent au sein d'un océan relativement calme.

- Il y a quand même bien eu des études systématiques ?

- En effet, depuis fin 2000 l'Union Européenne a mis en place un projet appelé « *MaxWave* » pour vérifier et confirmer l'existence de ces vagues scélérates. Installés sur les satellites de l'agence spatiale européenne, des radars explorent systématiquement la surface des océans et mesurent les paramètres des vagues qui sont alors étudiées scientifiquement !

- On va bientôt pouvoir surfer dessus !

- Tu ne crois pas si bien dire. Un nouveau projet de recherche, « *WaveAtlas* » utilise les données des observations pour créer un atlas mondial de ces vagues qui sera très utile pour la navigation !

- Et aussi le surf !

- Ce n'est pas évident, car d'après les scientifiques ces vagues n'existent qu'au large !

- Pourquoi ?

- Justement je ne sais pas, pour éclairer ma lanterne je dois rendre visite à un spécialiste !

- En bavardant ça me fait penser que, tout à l'heure sur la plage, pendant que tu te battais avec ta vague, un type au visage maigre, avec des lunettes noires et coiffé d'un chapeau de pêcheur, que je n'avais encore jamais vu dans les parages, est venu discuter avec moi. Jusque là rien de drôle, mais il a commencé à me parler de surf et m'a posé plusieurs questions sur toi, ce que tu faisais, si tu étais là pour longtemps... Au début, je n'ai pas prêté attention à son baratin, mais maintenant en y repensant je trouve ça bizarre !

- Probablement un curieux, car je ne pense pas que ce soit ma technique de surfeur qui l'a enthousiasmé !

- Peut-être, mais je t'en informe !

Deux jours plus tard, à Turin, dans le taxi qui le conduit de l'aéroport à l'université, Eric laisse son regard flâner sur l'agitation toute latine de cette grande ville, capitale du Piémont. A la Faculté, le professeur Besseborni, océanographe, un gaillard à l'air nonchalant, le reçoit le sourire aux lèvres.
- Avez-vous fait un bon voyage depuis Paris ?
- En fait j'ai pris l'avion à Bordeaux, j'arrive directement d'Hossegor sur la côte atlantique française !
- Formidable, je connais un peu, c'est une jolie région où les vagues sont magnifiques !
- Oui, et agréables à surfer !
- Un sport que j'aurais aimé pratiquer !
- Il n'est jamais trop tard !
- Trêve de plaisanteries, si vous voulez venons-en à ce qui vous amène. Ainsi vous vous intéressez aux vagues exceptionnelles !
- Effectivement je m'y intéresse dans le cadre d'un reportage sur les ondes, pas n'importe lesquelles, celles qui peuvent générer des catastrophes !
- Avez-vous pris connaissance des histoires et récits maritimes qui courent au sujet des vagues exceptionnelles ?
- Tout à fait. J'ai trouvé pas mal de choses sur le web !
- C'est une première approche, mais sur internet il faut trier. Ces ondes sont fascinantes mais le problème est que les informations fiables, alliant précision des observations et rigueur, sont noyées dans une foule d'anecdotes sans valeur scientifique, mélangeant réalité, folklore et parfois sorcellerie, magie ou religion. Dans ces conditions il n'est pas si facile de rejeter l'hypothèse, erronée d'ailleurs, que les vagues extrêmes ne sont rien d'autre qu'une superposition aléatoire de vagues moyennes de hauteurs différentes !
- C'est le sentiment que j'ai eu en parcourant tous ces articles !

- En préambule je dois vous dire que le physicien considère deux régimes importants en hydrodynamique : les vagues en eau peu profonde et celles en eau profonde. Cette distinction correspond à un problème d'échelles de longueur, c'est-à-dire le rapport entre la longueur d'onde et la profondeur. Pour concrétiser la chose nous allons descendre d'un étage et discuter devant des expériences simples. Si vous voulez bien me suivre.

Dans une grande salle du sous-sol trônent deux grands canaux artificiels remplis d'eau le long desquels s'affairent deux doctorants que le professeur présente à Eric.

- Avec ce premier canal - de 20 m de long, 40 cm de large et 60cm de haut - Georgio travaille sur les ondes dont la longueur (deux fois la distance crête/creux) est grande par rapport à la profondeur de l'eau, c'est un régime d'eau peu profonde. Un exemple est celui du tsunami.

Avec le deuxième canal, de dimensions identiques au précédent, Angelo fait des « manips » sur des ondes dont la longueur est petite par rapport à la profondeur, ce sont des ondes en eau profonde. Il va vous présenter une expérience. En fait la naissance des vagues scélérates apparaît comme liée à un comportement physique en eau profonde : elles n'ont été observées qu'au large !

Angelo, un brun aux yeux pétillants d'intelligence et aux mains en perpétuel mouvement, commence ses explications :

- À une extrémité du canal, un batteur commandé par ordinateur permet de créer, suivant la fréquence de ses mouvements alternatifs, des trains de vagues ou ondulations. Des sondes disposées le long du canal permettent d'enregistrer la forme de l'onde sur l'écran d'un oscilloscope numérique et de mesurer sa longueur et sa vitesse. Dans le cas présent, à la surface de l'eau vous avez initialement un train d'ondes périodique, pratiquement sinusoïdal, avec des ondulations de 0,5 secondes de période et de 1,2cm de hauteur. En jouant sur le batteur, on peut moduler l'amplitude de ce train d'ondes en superposant, par

exemple, un signal de faible amplitude, soit 1 mm de hauteur, et de période dix fois plus grande. Sur l'écran cela se traduit, au niveau de la première sonde, par une très faible variation périodique de l'amplitude de chaque onde du train, on observe alors un train de paquets d'ondes. Chaque paquet comprend plusieurs vagues, c'est-à-dire qu'au lieu d'être constante la hauteur des vagues successives à l'intérieur d'un paquet augmente, passe par un maximum au niveau de la quatrième pour atteindre un minimum au niveau de la septième. Le phénomène se répète pour les paquets suivants.
- C'est une modulation faible !
- Oui, mais suffisante au départ comme vous allez le voir. Regardez bien - sans que l'on modifie le réglage du batteur - au niveau de la deuxième sonde la profondeur de la modulation augmente spontanément, puis encore plus au niveau de la troisième, etc... Il y a une auto-modulation croissante au cours de la propagation. Ceci veut dire que le train d'ondes périodique est instable lorsqu'il est modulé. Ce phénomène remarquable est dénommé « instabilité de modulation » ou « instabilité de Benjamin-Feir » pour la raison suivante : prédit en 1965, il a été confirmé théoriquement et mis en évidence expérimentalement en 1967 par deux hydrodynamiciens Benjamin et Feir !
- C'est assez surprenant comme comportement ?
- Oui mais il y a mieux. Imaginez maintenant que le train d'ondes ne soit plus créé dans un canal artificiel, mais soit un train périodique de vagues généré par le vent en plein océan. Dans ce cas, bien que la situation soit beaucoup plus complexe, on peut simplifier en imaginant que le train d'ondes ainsi créé va, au départ, être très faiblement modulé par les vaguelettes, de faible amplitude, simultanément présentes à la surface de l'océan. Par instabilité, cette modulation va s'amplifier spontanément et engendrer un découpage croissant du train d'ondes en une suite de tronçons enveloppant chacun une séquence de vagues de hauteurs croissantes et décroissantes dans lesquelles l'énergie totale de chaque tronçon s'est répartie.

- Ce phénomène est totalement nouveau pour moi. D'après ce que j'ai appris une onde garde sa modulation et se propage identique à elle-même ?

- Tout à fait, on vous a montré la propagation d'ondes dans des milieux matériels où les comportements physiques, par exemple les relations de cause à effet, sont linéaires ou proportionnels. Comme vous l'avez vu, ceci n'est valable que pour les ondes de faible amplitude comme des rides ou des vaguelettes, représentant l'effet, qui résultent d'une faible perturbation de la surface de l'eau par le vent, représentant la cause. Ces dernières s'étalent très vite sous l'effet de la gravité pour disparaître rapidement, c'est le phénomène de dispersion linéaire. Mais dans un fluide comme l'eau, dès qu'il y une perturbation de la surface tant soit peu importante le comportement devient non linéaire. Ceci signifie, je le répète, que la déformation de la surface de l'eau n'est plus proportionnelle à la force du vent par exemple.

- Ce n'est pas intuitif !

- J'en suis conscient, mais cela vient de loin. Pendant longtemps, dans les cursus universitaires, on a « linéarisé », c'est-à-dire que l'on a simplifié l'étude - et on la simplifie encore trop souvent - en ignorant les termes non linéaires dans les équations mathématiques. Du même coup toute une partie de la physique intéressante présente dans la nature disparaît. Paradoxalement d'ailleurs cette non linéarité a été largement prise en compte et abondamment discutée par les physiciens du dix-neuvième siècle.

Par exemple toutes les relations que l'on enseigne dans les cours élémentaires sont linéaires : l'effet observable est proportionnel à la cause si elle est d'amplitude peu importante, c'est le cas si une petite brise ride la surface de l'eau. En réalité, si l'amplitude de la cause augmente - c'est le cas si le vent forcit - l'expérience montre que l'effet peut en plus dépendre du carré, du cube... de la cause. Ces termes non linéaires additionnels sont ignorés dans l'aspect tout linéaire des choses.

- On m'a déjà expliqué ça et il m'a fallu du temps pour que je commence à piger !

- En fait, dans ces dernières décennies, l'aspect non linéaire des phénomènes physiques a repris du poil de la bête. Il paraît simpliste à notre époque d'ajouter linéairement deux vagues identiques pour en obtenir une deux fois plus haute. Il est plus judicieux d'explorer les possibilités de modèles mathématiques non linéaires où les vagues peuvent interagir et se combiner de manière plus complexe mais plus proche de la réalité.

Dans ce contexte, une généralisation de « l'instabilité de modulation » a montré que des vagues de grande hauteur peuvent jaillir de nulle part, comme l'a fait récemment avec succès un mathématicien de l'Université de Bergen en Norvège, en considérant la combinaison non linéaire - qui n'est plus une addition linéaire pure et simple - de quatre grosses vagues pour en former une seule de taille gigantesque. Ce genre de mécanisme - où l'énergie se concentre - représente une approche séduisante de la génération des vagues scélérates. D'autant plus qu'il a été montré que, une fois formé par instabilité, un tronçon de vagues peut se propager comme un tout sur de longues distances sans changement de forme ni de vitesse. Cette séquence de vagues en eau profonde a été baptisée « onde solitaire enveloppe », elle est maintenant couramment appelée « soliton enveloppe », par analogie au « soliton pulse » découvert expérimentalement en Ecosse en 1834, puis redécouvert par simulation sur ordinateur en 1965 et vraiment baptisé soliton par deux scientifiques américains.

- Si je comprends bien, le soliton représente un concept important en science !

- Parfaitement, du fait de sa robustesse il peut avoir une grande durée de vie. Nous allons illustrer ça en passant à l'autre canal où Georgio va nous générer un soliton en eau peu profonde !

Cette fois-ci nous avons un canal identique au précédent rempli d'une quinzaine de centimètres d'eau. À une extrémité se trouve une écluse remplie d'eau à la hauteur voulue, soit ici quarante centimètres. L'expérience est extrêmement simple : j'ouvre rapidement l'écluse et libère la masse d'eau en surplus qui prend rapidement la forme d'une vague symétrique et bien ronde en se propageant. Elle parcourt les vingt mètres du canal, se réfléchit à l'autre extrémité puis parcourt le canal en sens inverse, se réfléchit, et ainsi de suite, sans perdre de vitesse et sans se déformer pendant plusieurs allers et retours !

Émerveillé Eric s'écrie :

- Au moins ça c'est de la vague !

- Oui c'est spectaculaire ! ajoute Besseborni.

- C'est un « soliton pulse » ! fait Georgio en accompagnant le mouvement de l'onde d'un hochement de sa tête blonde, d'une mimique expressive et d'un clignement de ses yeux bleus.

- L'expérience parle d'elle-même, à grande échelle on se représente bien une vague parcourant rapidement l'océan à grande vitesse sur des milliers de kilomètres sans changer de forme ni de vitesse ! renchérit Eric.

- Attention, c'est le concept de soliton qu'il faut garder à l'esprit. Il est très fécond et très utile pour étudier et aborder certains aspects fascinants des ondes de grande amplitude ! fait Besseborni et il ajoute : il est important de comprendre la dynamique de ces ondes non linéaires pour augmenter nos connaissances sur les océans et nous préparer à leurs dangers.

- Une meilleure connaissance des vagues géantes passe-t-elle par là ?

- J'en ai la certitude. D'ailleurs je vais annoncer par e-mail votre visite à Kris à Edimbourg, là où pour la première fois fut observé le soliton !

Dans l'avion qui l'emmène en Ecosse, Eric est plongé dans la lecture d'une des histoires importantes et des plus sympathiques de la science née apparemment d'une découverte à priori insignifiante, celle de l'onde solitaire et de son prolongement : le soliton.

En août 1834, l'ingénieur naval écossais John Scott Russell observait le mouvement d'une péniche, tirée par des chevaux, sur l'Union Canal à Hermiston, qui relie Edimbourg à Glasgow. Il remarqua un nouveau type d'onde se propageant à la surface du canal. Il en fit une charmante description dans les termes suivants :

« *J'observais le mouvement d'une péniche dans un canal étroit qui était tirée rapidement par une paire de chevaux, quand soudain la péniche s'arrêta. Il n'en fut pas de même pour la masse d'eau qu'elle avait mise en mouvement dans le canal ; elle s'accumula autour de la proue de la péniche dans un état de violente agitation, puis soudainement l'abandonna, roula vers l'avant à grande vitesse, prenant la forme d'une grande élévation solitaire, d'un paquet d'eau rond à la forme douce et parfaitement définie, qui continua sa course le long du canal, apparemment sans changement de forme ou diminution de vitesse. Je la suivis à cheval et la dépassai alors qu'elle roulait encore à la vitesse de 8 à 9 miles à l'heure, préservant sa forme originale de trente pieds de long et d'un pied à un pied et demi de hauteur. Sa hauteur diminua progressivement et après une poursuite de un à deux miles je la perdis dans les méandres du canal. Telle fut au cours du mois d'août 1834 ma première rencontre fortuite avec ce magnifique et singulier phénomène.* »

Cette observation n'était pas le fait du hasard mais faisait partie d'une série d'expériences sur les profils de péniches que John Scott Russell réalisait pour l'*Union Canal Society of Edinburgh*. Par des expériences systématiques, il compléta ses résultats sur l'onde solitaire qu'il appelait « l'onde de translation », il la décrivit en détail dans son « Report on Waves ».

Néanmoins ses collègues ne partagèrent jamais son point de vue sur l'importance de cette onde…

Le voyage dans l'histoire de l'onde solitaire est interrompu par des turbulences atmosphériques d'amplitude croissante, l'avion a entamé sa descente sur Edimbourg.

- Vous connaissez la capitale de l'Ecosse ? demande le professeur Kris, un petit homme aux yeux clairs et à l'air calme et doux, alors que la voiture quitte la très agitée Princess Street, une des artères principales de la ville, pour s'engager dans une ruelle sinueuse et calme de Old Town dominée par le château, un monument impressionnant trônant sur Castle Hill.
- Très peu, j'y suis toujours passé en coup de vent. Mais quel contraste après l'Italie !
- Votre *Bed and breakfast* est ici, si ça vous dit, on peut faire un petit tour à pied après avoir déposé votre bagage ?
- Impeccable, c'est sympa !
- Ce n'est pas une heure de pointe, je vais essayer de me garer correctement dans les parages - la maréchaussée ne badine pas en ces lieux - et nous allons marcher.

Deux heures plus tard, dans un pub près du port, on retrouve nos compères attablés chacun devant une énorme bière. Avant de déguster quelques produits de la mer, ils devisent tranquillement. Le professeur Kris explique :
- Pour en revenir au comportement de l'onde solitaire, appelée soliton par la suite, il faut préciser que Scott Russell connaissait les travaux de Daniel Bernouilli, médecin, physicien et mathématicien suisse et d'Isaac Newton, physicien, mathématicien, philosophe et astronome anglais - qui avaient bien décrit comment les ondes voyagent et s'étalent - et pour lui l'onde solitaire ne se comportait pas de cette manière. Excité par ce problème, il fit de nombreuses expériences et des observations variées, aussi bien en mer que dans des rivières ou des canaux. Et aussi dans un canal qu'il construisit dans son jardin. Ses résultats et ses calculs confirmaient ses observations précédentes.
- C'est-à-dire ?
- Eh bien, l'onde solitaire présente les propriétés suivantes :
Elle a un profil symétrique en forme de cloche.
Elle est très stable, elle peut se propager sur de grandes distances,

contrairement aux ondes connues à l'époque qui tendent rapidement à se disperser ou à se comprimer et déferler.

Sa vitesse dépend de sa hauteur et sa largeur de la profondeur de l'eau.

Quand on lève l'écluse cela peut donner naissance à une vague solitaire ou à deux ou plusieurs ondes de ce type suivant la quantité d'eau lâchée dans le canal.

Deux ondes solitaires peuvent se croiser et continuer leur chemin sans changer de forme ni de vitesse.

- Je viens de lire que cela n'intéressa pas les scientifiques de l'époque ?

- Ce fut mitigé. Au début ses travaux expérimentaux stimulèrent un regain d'intérêt pour l'hydrodynamique. Plusieurs scientifiques de renom tentèrent de décrire le phénomène mais leurs approches théoriques ne furent pas couronnées de succès. D'ailleurs les résultats de Scott Russell contredisaient la théorie sur les ondes en eau peu profonde de George Airy, professeur à Cambridge et sommité scientifique. Cette dernière prédisait qu'une vague de hauteur finie ne peut se propager sans changement de forme, au contraire elle se cambre et déferle !

- Le maître avait parlé !

- C'est à peu près ça. Pourtant un scientifique comme George Gabriel Stokes n'était pas loin du résultat mais il doutait que l'onde solitaire puisse se propager sans changer de forme. En 1871 puis en 1876 il y eut respectivement Joseph Boussinesq en France et Lord Rayleigh en Angleterre qui proposèrent respectivement des théories approchées correctes. Puis en 1895 l'important article de Diedrick Johannes Korteweg et Gustav De Vries mit vraiment les choses au point !

- C'était gagné ?

- Eh bien non, malgré ces remarquables travaux théoriques confirmant son existence, l'onde solitaire fut considérée comme un phénomène sans importance, elle resta dans l'ombre pendant près de soixante-dix ans !

- Soixante-dix ans, mais c'est énorme !
- Tout à fait, cependant l'histoire de cette onde va reprendre dans un tout autre domaine de la physique. Aux Etats-Unis, l'avènement des ordinateurs et leur utilisation pour simuler numériquement des comportements d'ondes va faire avancer les choses. Motivés par la première simulation numérique - c'est-à-dire la première expérience virtuelle sur ordinateur faite en 1953 aux Etats Unis par Fermi, Pasta et Ulam - en 1965 un mathématicien Martin Kruskal et un physicien Norman Zabusky simulent numériquement la propagation d'ondes élastiques sur une chaîne de particules, couplées par des ressorts, avec des forces de rappel non linéaires. Strictement parlant ils redécouvrent l'onde solitaire non pas à la surface de l'eau mais sur une chaîne de particules couplées. Ils montrent que deux ondes solitaires, en forme de pulse, peuvent entrer en collision et se croiser sans se voir, c'est-à-dire sans changer respectivement de forme et de vitesse. La remarquable stabilité et la nature corpusculaire de ces ondes qui, j'insiste, gardent leur individualité au cours de chocs entre elles, conduisent ces deux scientifiques à les baptiser « solitons ».
- Ils utilisent la terminaison propre aux particules ?
- Parfaitement, comme pour électron, proton, neutron... !
- Ainsi on est passé des vagues à la surface de l'eau aux ondes le long d'une chaîne mécanique et on retrouve le même phénomène ?
- C'est ce qui est fascinant et fait la beauté de la science !
- Comment une telle vague peut-elle exister alors que si on lance une pierre dans l'eau les vagues créées s'aplatissent et disparaissent ?
- Vous posez là une question clé. Tout dépend de la hauteur de la vague. Si elle est de faible hauteur, la gravitation domine et tend à l'aplatir, c'est le phénomène de dispersion linéaire. Mais si elle est assez haute - au-delà de quelques centimètres par exemple - elle peut se comprimer, se raidir et à la limite déferler. C'est, comme on vous

l'a déjà expliqué, une manifestation du comportement, de contraction non linéaire, d'une vague à la surface de l'eau que l'on retrouve dans les équations de base de la mécanique des fluides !

- Il me semble comprendre : si ce phénomène coexiste avec la dispersion, il peut la compenser !

- Parfaitement, cet équilibre subtil entre les deux ingrédients de base : dispersion linéaire ou étalement, et effet non linéaire d'amplitude ou compression, est à l'origine de l'existence d'une onde robuste et de grande durée de vie : le soliton !

Le lendemain matin, par une matinée brumeuse mais douce, Eric et le professeur Kris se retrouvent sur un des petits ponts enjambant l'Union Canal.

- Comme vous avez pu en juger, le canal se trouve derrière et en contrebas de l'Université Heriott Watt. Cette dernière, vous pouvez le deviner au style des bâtiments, n'existait pas à l'époque de Scott Russell, la seule université était celle d'Edimbourg située au centre ville !

- C'est donc à cheval, en observant sur ce canal le mouvement d'une péniche tirée par des chevaux, que Scott Russell a fait ses premières observations ?

- Tout à fait !

- Cela me laisse songeur !

- C'est vrai que l'on peut être sceptique mais ça a marché. D'ailleurs à ce propos il me faut vous conter une anecdote. En 1982, nous avions organisé à Heriott Watt un nouveau colloque sur les solitons. Forts de nos connaissances théoriques sur le sujet, nous avions prévu de refaire l'expérience. Tout se passa un après-midi. À l'issue d'un pot, qui n'était pas qu'au jus de fruit - Ecosse oblige - les congressistes descendirent au bord du canal pour admirer l'onde solitaire. Une modeste barque d'environ quatre mètres de long devait simuler une péniche... l'idée était de la tirer rapidement sur le canal et de l'arrêter brutalement pour créer la vague devant sa modeste étrave. Quelques participants prirent place dans l'embarcation pour manier les avirons au cas où… D'autres situés sur les berges - des anciens chemins de halage herbus à souhait - jouaient le rôle des chevaux et devaient tirer sur des cordes pour faire avancer l'embarcation. Après plusieurs efforts infructueux, la barque commença de bouger lentement et le mouvement s'accéléra, puis, soumise à des tractions non simultanées, sa trajectoire devint de plus en plus sinueuse. Brutalement elle se mit en travers du canal et manqua de chavirer entraînant dans son mouvement la chute de plusieurs individus dans le canal qui, heureusement était peu profond mais fort vaseux et bordé de roseaux. D'autres tentatives avec de nouveaux individus tout propres s'avérèrent tout aussi décevantes. La surface du canal frémit seulement de quelques rides qui se dispersèrent après s'être propagées sur quelques mètres. L'ambiance par contre atteignit des sommets. Sur les bords du canal, les participants criaient, riaient et se congratulaient, d'autres pataugeaient, la mine hilare, dans l'eau jusqu'à la ceinture. Un vieil Ecossais qui, par hasard, se trouvait sur un pont à cinquante mètres de la scène, suivait ce folklore d'un air intrigué. À la femme de l'un des participants, qui se promenait dans les parages, il demanda :

« Mais que font-ils donc ?

- Ce sont des mathématiciens et des physiciens, ils essaient de faire des vagues !

- Des vagues ? mais ils sont fous ces scientifiques ! »

- Apparemment, votre tentative n'était pas une réussite ? demande Eric.

- C'est le moins que l'on puisse dire. D'ailleurs le lendemain dans la presse locale, notre expédition était relatée sur un mode ironique sous le titre : « The Soliton Fiasco ». Curieusement dans l'article aucune mention ne fut faite du pot, largement fourni en boissons corrosives, qui avait précédé l'expérience… !

- C'est étrange… !

- Nous nous étions promis de la refaire. Il fallut attendre treize ans pour qu'à nouveau Heriott Watt University accueille un colloque sur ces ondes. Cette fois nous avons pris nos précautions. Nous avons changé de lieu : l'expérience a été refaite dans l'Union Canal, mais à l'endroit où, reconstruit, il enjambe l'autoroute sous forme d'un aqueduc qui a été baptisé « Aqueduc Scott Russell ».

Pour cette nouvelle démonstration, un petit bateau à moteur avec quelques scientifiques à bord s'est lancé et a fait brusquement machine arrière pour freiner sa course et voir se créer une onde solitaire à quelques mètres devant sa proue. Celle-ci s'est propagée sans problème à la grande satisfaction des scientifiques, de la presse, des photographes et des curieux dispersés sur les berges.

Cette fois la presse s'est fait l'écho de cette reconstitution historique réussie de la vague aux propriétés exceptionnelles !

- Comme pour les œuvres des grands artistes, les découvertes des grands scientifiques sont parfois reconnues bien longtemps après leur disparition !

- C'est fort dommage, les scientifiques sont souvent trop discrets. Dans cet ordre d'idée, je dois vous mentionner les travaux d'Henri Bazin. Ce physicien français a refait les expériences de Scott Russel et vérifié ses résultats avec succès en 1865 dans un bief du canal de Bourgogne spécialement aménagé derrière le Parc de la Colombière à Dijon. Malheureusement il n'y pas eu de publicité autour de cette confirmation scientifique. Je ne suis au courant de ces travaux que depuis quelques années et pour les détails je vous recommande de contacter le professeur Solitonus !

- Solitonus ?

- Oui c'est le surnom que les étudiants ont amicalement donné au professeur Six à Dijon !

- C'est imagé. Vous faites bien de me prévenir car je le connais déjà mais en réalité j'ignorais son surnom, et je dois lui rendre visite prochainement !

- A propos, je vous signale qu'à Coalville dans le Leicestershire se trouve le Snibston Discovery Park, un parc d'attraction où l'on peut voir un tas de choses intéressantes pour le grand public. Entre autres un canal à solitons a été installé où sont présentées des expériences sur la propagation de ces ondes remarquables. Vous trouverez des photos sur internet.
- Intéressant, je note ça dans mes tablettes .
- Vous aviez une autre question ?
- Ah oui, est-ce que le mascaret, souvent mentionné par mes amis surfeurs au hasard de leurs conversations, a un rapport avec les solitons ?
- Strictement parlant c'est une onde de choc à front raide où la non linéarité domine, pouvant se décomposer sous certaines conditions en un train de solitons. Le mascaret peut se former dans l'estuaire de certaines rivières dont il remonte le courant. À ce sujet vous pouvez contacter le Dr Herrick au Proudman Oceanographic Laboratory à Liverpool.
- Serait-ce possible de lui rendre visite ?
- Cela ne doit pas poser de problème, je vais essayer de le joindre.
- Merci d'avance.

Alors qu'Eric déguste une tasse de thé et profite du confort anglais dans sa coquette petite chambre de Chester, le téléphone sonne. La réception de l'hôtel lui annonce que le Dr Herrick l'attend dans le hall.
Assis dans un confortable fauteuil à oreilles, un gaillard à la chevelure et la moustache rousses et à l'allure joviale l'accueille chaleureusement.
- Enchanté de faire votre connaissance. J'ai préféré vous recevoir ici, c'est plus calme et plus intime que cette grande ville de Liverpool. Si cela vous convient nous allons marcher en direction de la rivière Dee qui présente un mascaret à certaines époques l'année. Comme ça vous pourrez en profiter pour prendre connaissance de notre charmante

petite ville médiévale de Chester où des trésors archéologiques et architecturaux de l'époque romaine ont été préservés.
- Merci d'avoir accepté de me recevoir si rapidement !
- C'est tout à fait normal. Ainsi vous vous intéressez aux « tidal bores », des vagues que vous appelez mascarets dans votre pays ?
- Oui, dans le cadre d'un reportage sur les ondes.
- Avez-vous déjà une idée du processus de formation d'un mascaret ?
- Pas vraiment, les discussions que j'ai pu avoir sur cette vague remarquable ont eu lieu avec les surfeurs. Leurs préoccupations sont tout autres que celles des scientifiques bien que parfois elles puissent leur être utiles!
- Je vais donc essayer de vous instruire sur ce phénomène.

Dans la plupart des rivières sujettes aux effets de marée, le passage du reflux au flux se fait progressivement. En aval le reflux ralentit, ce régime est suivi par une période d'eau stagnante et puis, très lentement, par degrés, le flux de marée remonte le courant de la rivière. Par contre dans certaines rivières le scénario est tout à fait différent. Le flux est accompagné par une onde vigoureuse : le mascaret ! C'est un phénomène naturel spectaculaire qui se produit dans une soixantaine d'endroits du monde. Il est assez peu connu et sa formation dépend de plusieurs paramètres.

En effet, pour qu'une telle onde puisse être générée deux conditions doivent être satisfaites. Premièrement, la marée doit être exceptionnellement haute : il faut une différence d'au moins six mètres par rapport à la marée basse qui, elle, correspond au niveau de la rivière. Deuxièmement, la profondeur h de la rivière doit être faible par rapport à la longueur L de l'onde. En plus elle doit avoir un fond en pente douce et un large estuaire en forme d'entonnoir.

- Et dans ces conditions le mascaret peut se former ?
- Oui, tandis que la marée montante s'engouffre dans l'estuaire, la différence entre les hauteurs de la marée et de la rivière se traduit

par un mur d'eau. Puis, comme la marée est plus puissante que le courant de la rivière, ce ressaut remonte le courant de la rivière. C'est le mascaret. Suivant son énergie il peut prendre des formes différentes, intermédiaires entre l'onde de choc au profil abrupt en forme de marche d'escalier - avec un front d'onde abrupt et déferlant qui est bouillonnant et turbulent à l'image d'une chute d'eau itinérante - et le mascaret plus lent qui ondule, du type onde de choc dispersive, dont le profil en forme de ressaut est suivi par un train de vagues qui ont chacune les propriétés d'une onde solitaire.

Excusez mon ignorance, mais qu'est-ce qu'une onde de choc ?

- C'est une vague au profil en marche d'escalier ou ressaut hydraulique, dont la transition entre un niveau d'eau horizontal supérieur et un niveau d'eau horizontal inférieur est abrupte. Vous pouvez observer ce phénomène sous sa forme stationnaire dans votre évier. S'il est plat et que vous faites couler l'eau : un ressaut à symétrie circulaire prend naissance au niveau de la bonde de vidange.

- Et une onde de choc dispersive ?

- Dans ce cas, une partie de l'énergie contenue dans le front se répartit en ondes solitaires d'amplitude décroissante.

- Pourquoi des ondes solitaires ?

- Parce que, comme je viens de vous le dire, chacune d'elles se comporte comme une onde solitaire ou un soliton. Elles présentent les propriétés caractéristiques que maintenant vous connaissez : elles peuvent se propager loin, sans se déformer ni changer de vitesse. Je dois ajouter que, pour l'onde de choc, les effets non linéaires hydrodynamiques dus à une importante différence de niveau jouent un rôle non négligeable quant à son existence et sa stabilité !

Tout en devisant, les deux hommes sont arrivés au bord de la rivière Dee.

- Sur cette rivière, le mascaret atteint au maximum cinquante centimètres de hauteur. En ce moment la marée n'est pas assez importante pour produire une vague observable. Néanmoins, fait-il en sortant des photos de sa poche, vous voyez sur ces photos un mascaret déferlant. Cela vous donne une idée du phénomène.

Effectivement, on distingue bien sa crête écumante qui s'étend sur toute la largeur du cours d'eau !

– Dans notre pays il y a plusieurs rivières où l'on peut observer ce phénomène, ce sont les rivières Mersey, Trent, Parrett, Welland, Kent et Great Ouse, auxquelles on peut ajouter les rivières Esk et Nith en Ecosse. Cependant, le cours d'eau qui présente les conditions idéales – où des mascarets importants et spectaculaires peuvent se produire – est la rivière Severn. Dans son estuaire, la marée - la deuxième plus haute marée dans le monde - peut atteindre une amplitude de quinze mètres ! Alors que John Scott Russell a décrit en 1834 l'onde solitaire, Thomas Harrel a célébré le mascaret de la Severn en 1824 :

« *When the boar comes, the stream does not swell by degrees, as at other times, but rolls in with a head ... foaming and roaring as though it were enraged by the opposition which it encounters* »

« *Quand le mascaret arrive, le flux ne grossit pas par paliers, comme à l'habitude, mais roule avec un front... écumant et rugissant comme si la résistance qu'il rencontre le mettait en rage* » !

– J'ai lu que certaines fois il avait atteint une vitesse moyenne de 16 km à l'heure et une hauteur de deux mètres !

– Tout à fait, c'est un des plus importants au monde. D'ailleurs on trouve le calendrier des mascarets passés et à venir. Les prévisions relatives à ce phénomène naturel intéressent un grand nombre de gens. Ici, la naissance et la propagation de cette onde attirent une foule de curieux !

– Oui, et les surfeurs ne sont pas en reste !

– En effet, ce doit être grisant de remonter la rivière en chevauchant cette belle vague !

– Je n'ai jamais surfé sur un mascaret, même en France !

– Sur la Dordogne, le mascaret peut atteindre plus d'un mètre de hauteur. Parmi les mascarets répertoriés dans le monde : Alaska,

Amérique du Sud, Canada, Chine, le plus important est celui de la rivière Qiantang près de Hangchow en Chine. Au moment des marées de printemps, il peut atteindre une hauteur de huit mètres et une vitesse de 25km à l'heure. Surnommé le Dragon noir, tous les automnes il attire plus de deux cent mille spectateurs. Bien qu'il soit une attraction touristique, il peut être excessivement dangereux : on estime que des milliers de personnes en ont été victimes, certaines très récemment !

Passionnés, les deux hommes se rendent dans un petit restaurant où ils devisent longuement autour d'un agréable repas arrosé de quelques bières. C'est fort tard que les deux hommes prennent congé l'un de l'autre. A peine arrivé dans sa chambre, Eric se jette sur son lit et sombre dans un sommeil profond.

En pleine nuit, alors qu'il surfe sur un magnifique mascaret un petit bruit accompagné d'un léger courant d'air interrompt son rêve, il a la nette sensation - au cours de ses tribulations de reporter, il a pris l'habitude de réagir à la moindre alerte - d'une présence étrangère dans sa chambre. Lentement, très lentement il ouvre les yeux pour distinguer dans un demi-sommeil une forme sombre d'allure irréelle qui se déplace sans bruit. Il bondit, mais gêné par ses draps, il n'est pas assez rapide pour agripper la silhouette qui enjambe prestement la fenêtre et disparaît dans la nuit.

- Merde alors, fait-il en allumant la lumière, que pouvait bien rechercher ce client nocturne ?

Une inspection rapide de sa chambre ne montre rien d'anormal. Quelques minutes plus tard il replonge dans des rêves peuplés d'ondes aux formes bizarres.

2. Mascarets, crues éclair et laves torrentielles

Le lendemain matin, en sirotant une tasse de café il réfléchit à l'intrusion nocturne tout en examinant méthodiquement les documents qu'il avait laissés sur le coin du petit bureau, ils sont tous bien là. Néanmoins son œil expert lui signale qu'ils ont été dérangés. L'ordinateur portable est à sa place et, même s'il n'était pas protégé par un mot de passe, l'intrus n'aurait logiquement pas eu le temps d'y jeter un coup d'œil. D'ailleurs les fichiers lisibles ne contiennent que des banalités, tout ce qui est important et intéresse son enquête est codé et mémorisé dans deux clés USB qu'il transporte partout avec lui. Ses commentaires et ses remarques, il les stocke sur un petit Ipod qu'il a toujours sur lui.

- Bizarre, se dit-il, ce ne sont que de simples notes sur les ondes, je ne vois pas en quoi elles peuvent intéresser quiconque. Dorénavant je vais être obligé de me tenir sur mes gardes, mais vis-à-vis de qui ? c'est stupide !

Alors que, perplexe, il est planté au milieu de sa chambre, le téléphone sonne.

- Allô, oui… salut François, t'es à Hossegor, non… où alors ? Ah, tu es en route pour Saint Pardon en Dordogne !… Venir te rejoindre pour surfer ? C'est une bonne idée mais si je viens ce sera plutôt pour observer tes évolutions. Dans ces conditions je vais me débrouiller. Je suis encore en Angleterre mais comme ça me tente je vais faire le nécessaire pour arriver à temps !

Le surlendemain en fin d'après-midi Eric débarque à Saint Pardon au volant d'une voiture louée à l'aéroport de Bordeaux. Son copain François, un blond aux yeux bleus, de taille moyenne, l'accueille l'air réjoui.

- Tout baigne dans l'huile ? demande-t-il avec son accent chantant.
- Oui, imagine qu'avant de revenir en France je me suis décidé

au dernier moment à faire un petit détour pour me rendre dans un bled du Leicestershire dénommé Coalville où se trouve le « Snibston Discovery Park ». Dans ce parc, comme son nom l'indique, il y a beaucoup de choses scientifiques à découvrir et, entre autres on peut voir la génération et la propagation d'ondes solitaires dans un canal artificiel avec des méandres !

- Ce sont ces fameuses ondes solitaires aux propriétés remarquables dont tu m'as déjà touché quelques mots ?

- Tout à fait, il est spectaculaire de les voir suivre les méandres sans se détruire. Parce qu'elles peuvent se comporter comme des particules, on les appelle aussi solitons. D'ailleurs les vagues robustes qui, onde de front mise à part, composent les ondulations des mascarets et voyagent sur la Dordogne et la Garonne très loin à l'intérieur des terres, ont des propriétés apparentées aux solitons !

- Je t'ai fait signe car ici, comme tu t'en doutes, au mois de septembre à Saint Pardon les coefficients de marée peuvent être importants. Comme le niveau d'eau est faible - l'été et le début de l'automne ont été secs - cette année les coefficients de marée sont supérieurs à 110 et la différence de niveaux est propice à la formation de beaux mascarets. La chose se présente de la manière suivante :

Le mascaret se forme dans l'estuaire en forme d'entonnoir de la Gironde et se divise en deux au niveau du port de Bayonne, à l'endroit où la Garonne et la Dordogne se rejoignent. Alors il remonte respectivement ces deux rivières, dont la pente est faible, sous forme de deux mascarets : un, en direction de Bordeaux jusqu'à Barsac et l'autre jusque vers Libourne. Sur la Dordogne, le port de Saint Pardon - un hameau de la commune de Vayres - est l'endroit idéal pour observer la bête et surfer bien sûr. De la terrasse du café du Pont, la vue sur la rivière est épatante : on embrasse un panorama d'environ trois kilomètres.

- En fait, l'énergie de la marée se concentre au fil de sa progression dans l'entonnoir de l'estuaire et la marée remonte d'autant plus loin que son amplitude est importante et que la pente des deux fleuves est faible.

- Exactement !
- Dis-moi, ça a l'air sympa ici !
- Toi dont les parents possèdent maintenant une résidence à Hossegor, tu avoues n'être jamais venu ici, c'est une honte !
- C'est la première fois, je l'avoue humblement !
- Je répète qu'ici c'est un bon endroit pour admirer le mascaret, mais c'est envahi par une foule qui grossit d'année en année. Demain, il te faudra aller te poster en amont à un endroit plus calme que je t'indiquerai.
- Je te fais confiance !
- Ce soir avec quelques copains nous mangeons ensemble, tu es invité.
- C'est sympa à toi et tes copains, François, mais je suis crevé. Désolé, mais sans vouloir me singulariser je préfère manger vite fait et me coucher tôt.

La matinée du lendemain, il la passe à flâner dans le village par un temps doux et agréable. Il visite le majestueux château qui domine la Dordogne, dont la première construction daterait du onzième siècle. Avant midi, au voisinage du château, il retrouve François accompagné d'un type du coin surnommé Jojo, ancien surfeur et viticulteur de son métier. Ils l'invitent à découvrir la Maison du Vin des Graves de Vayres en lui expliquant que le vignoble correspondant comprend une quarantaine de « Châteaux », il se situe à une vingtaine de kilomètres de ceux de Pomerol et de Saint-Emilion.

Puis ils dégustent quelques blancs secs aux saveurs délicates et des rouges au bouquet subtil.

- Quelles sont tes impressions, toi le Bourguignon ? demande François à Eric, tout en faisant doucement tourner le vin rouge à l'intérieur de son verre tulipe pour le humer.
- Justement, étant originaire de la Bourgogne je ne connais pas grand-chose aux vins de cette région, mais je les apprécie !

- Tu dis ça pour nous faire plaisir !
- Pas du tout, vous devez m'expliquer !
- Contrairement aux vins de Bourgogne, les vins de notre région sont des vins d'assemblage. Ils sont en fait issus du mariage de plusieurs cépages ou terroirs de typicité différente. Pour les vins rouges, qui sont souples, délicats et fins, les cépages sont le Cabernet Sauvignon, le Cabernet Franc, le Merlot noir, le Malbec. Les blancs sont secs et bien typés, ce sont : le Sauvignon, le Sémillon et la Muscadelle. Le dosage varie en fonction des cépages dominants des appellations d'origine et aussi en fonction des années et de la sensibilité de chaque assembleur.
- L'assemblage demande donc une bonne maîtrise du métier ?
- Tout à fait, arriver à un subtil dosage entre les cépages pour créer un vin riche et harmonieux est un art !
- J'en suis parfaitement conscient. Depuis tout jeune, j'ai eu l'occasion de déguster des Bordeaux que mon père avait échangés contre des crus de Beaune, ils étaient remarquables. D'ailleurs, au restaurant, je prends essentiellement du Bordeaux !

La discussion ne s'éternise pas car il est temps d'aller se restaurer en un lieu calme et discret. Vers la fin de l'après-midi, Eric rejoindra un endroit de la berge propice à l'observation du mascaret du jour.

Quelques heures plus tard la foule dense et bariolée a considérablement grossi, les curieux de tous acabits se pressent le long des berges, certains ont même apporté des sièges et bien sûr quelques victuailles accompagnées de bouteilles de vin du cru. Commentaires et commérages vont bon train, histoire de meubler l'attente, l'ambiance est débonnaire et sympathique. C'est la fête, elle est organisée depuis cinq ans par l'Association du Mascaret.

Eric descend parallèlement à la berge par un chemin en retrait pour rejoindre son poste à l'endroit recommandé par François. Il est situé en aval, par rapport au courant de la rivière, de la masse des curieux et du groupe des surfeurs et des kayakistes dans leurs combinaisons aux couleurs vives et variées. Progressivement, ces derniers se glissent dans l'eau et s'éloignent des berges pour pouvoir prendre la vague de la manière la plus favorable.

Soudain, un frémissement ponctué par des exclamations parcourt la foule, annonçant le mascaret. Précédé par un bouillonnement dont le bruit s'amplifie graduellement, il apparaît sous forme d'un front déferlant - une sorte de cascade itinérante d'environ un mètre vingt de haut remontant le courant - suivi d'un train ondulant de plusieurs vagues de hauteur décroissante. Ce mascaret vient de parcourir les cent cinquante kilomètres qui séparent Saint Pardon de l'Océan.

Après quelques minutes, les amateurs de glisse aguerris se régalent. Imperturbables et bien calés sur leur planche, ils se laissent mener par la vague et évoluent élégamment. En revanche la plupart des débutants et ceux qui ont manqué leur démarrage regagnent les berges, l'air désabusé. Dépités, certains clament à qui veut l'entendre que les conditions n'étaient pas réunies... pour une belle prestation.

Dans le groupe de tête, François, que l'on reconnaît à sa combinaison jaune vif, progresse apparemment sans effort. En type organisé, il a fixé sur lui un microphone relié à un émetteur-récepteur miniature et peut commenter pour Eric sa trajectoire et ses impressions en temps réel. Avec un débit saccadé, il décrit ses impressions :

- La vague que je chevauche - la première après le front turbulent - n'est pas de hauteur constante si je me déplace latéralement, elle dépend des variations de profondeur. Maintenant que la situation générale s'est décantée, je peux estimer ses caractéristiques : à vue de nez, elle fait environ un mètre vingt et se propage à une vitesse que j'estime à quinze kilomètres à l'heure.

- Ici depuis le bord, je mesure en moyenne treize kilomètres à l'heure.

- Me vois-tu toujours ?

- Non c'est devenu impossible, mais j'entends bien le grondement !

- Nous ne sommes plus que quelques-uns et on peut se régaler, la glisse est bonne. À tout à l'heure !

Plus tard, au café du pont, il y a beaucoup de monde autour des tables. Embrassades et accolades ponctuent les discussions enflammées à propos de la vague. Spectateur ou acteur, chacun y va de sa description imagée du mascaret. Un ancien, originaire du nord-ouest, évoque nostalgiquement celui de la Seine :

- Chez nous, avant les derniers travaux de dragage et d'endiguement et la construction du chenal de Rouen au début des années soixante, on avait notre mascaret. Majestueux et impressionnant, il était néanmoins de sinistre réputation et considéré comme responsable du naufrage de nombreux bateaux entre Quillebœuf et Villequier où sa hauteur pouvait atteindre trois mètres, et aussi entre Villequier et Tancarville !

- Plus au sud près de la baie du Mont St Michel il existe bien les mascarets de la Sélune et du Couesnon, ils sont de faible amplitude mais c'est instructif et intéressant de les observer !

- Messieurs vos discours sont bien jolis mais nous, ici à Saint Pardon, nous avons notre mascaret bien réel, il n'est peut-être pas gigantesque, mais il est beau et nous l'aimons bien et le fêtons tous les ans ! clame un péquin à la mine réjouie tout en portant un toast à l'assemblée. Il est chaleureusement salué par des hourras et des salves d'applaudissements.

Sur un petit écran amovible Eric fait défiler ses photos numériques que tout le monde peut visionner.

Saint Pardon n'est plus qu'un souvenir convivial, coloré et gai. Dans un petit bureau du Centre de recherches météorologiques de Toulouse, Eric suit avec attention les évolutions d'une gracieuse jeune femme, aux formes au demeurant fort agréables, qui, devant un écran de projecteur vidéo, commente et explique, images et graphiques à l'appui, les propriétés des inondations.

- Sur notre planète, les inondations sont plus fréquentes et plus répandues que n'importe quelle autre catastrophe naturelle. Au cours des dix dernières années, elles ont touché environ 1,5 milliard de personnes soit à peu près un quart de la population mondiale. Elles représentent environ cinquante pour cent des catastrophes dites naturelles et provoquent en moyenne vingt mille morts par an !

- Cinquante pour cent, c'est énorme !

- Oui, et avec ses 160000 km de cours d'eau, la France présente une surface inondable de 22000 km2 répartie sur 7600 communes et concernant 2 millions de riverains !

- Toutes catégories d'inondations confondues ?

- Oui, d'une manière générale, une inondation implique la montée de l'eau et son débordement du lit naturel, elle peut être lente, moyenne ou très soudaine et rapide. Dans ce contexte, parmi les différents types d'inondations, la crue-éclair (flash- flood en anglais) - ou encore crue : rapide, subite, brutale, soudaine, torrentielle... - qui vous intéresse tout particulièrement, est spéciale. Elle correspond à un type particulier d'inondation se déplaçant très rapidement sans signes annonciateurs et surgit en un endroit - le moindre petit ruisseau considéré comme calme peut se transformer en quelques minutes en un torrent bouillonnant et rugissant - avant qu'on aie le temps de réaliser. D'apparence anodine, la crue éclair représente une menace importante et elle est en France le risque naturel le plus destructeur. Elle peut affecter n'importe quelle partie du réseau hydrographique.

- C'est son aspect onde qui m'intéresse.

- Dans ce cas, on a souvent affaire à une véritable vague, de grande amplitude !

- Si je comprends bien, contrairement au mascaret qui remonte le courant et est prévisible car dépendant de la marée, cette vague présente un front en forme de chute d'eau itinérante, qui descend le courant en déferlant et bouillonnant et elle est quasiment imprévisible.

- Tout à fait. Le mur d'eau peut atteindre une hauteur de six à huit mètres. Il est très puissant et se manifeste très violemment. Capable d'arracher des arbres, de détruire des bâtiments, d'emporter des ponts, des automobiles, des caravanes... il transporte en général avec lui un énorme paquet de débris de toutes sortes qui, tel un bélier, balaye tout sur son passage !

- D'après mes modestes connaissances, les causes sont diverses.

- Vous avez raison mais les crues éclair apparaissent souvent lors de fortes pluies concentrées sur une région donnée. C'est le cas quand les taux de précipitations sont élevés et persistent pendant plusieurs heures quand ils sont associés aux orages - ou aux ouragans et tempêtes tropicales dans d'autres pays - se déplaçant lentement et tournant au dessus d'un même site.

A part ces précipitations atmosphériques violentes et localisées, la fonte des neiges, la débâcle glaciaire, le lâcher de barrage, la vidange de réservoir... peuvent générer des crues éclair. Notez que lors d'une crue moyenne les débris de toutes sortes comme les arbres déracinés, les détritus, les déchets plastiques, les éléments arrachés aux constructions, les carcasses de voitures... peuvent s'accumuler, obstruer localement le cours d'eau en formant un barrage naturel ou embâcle. Ce dernier soumis à la pression croissante de l'eau peut céder brutalement en libérant une énorme quantité d'eau se traduisant par une vague qui va surfer sur l'écoulement du torrent et tout dévaster sur son passage.

- Je me suis laissé dire que par un mécanisme similaire les embâcles de glace peuvent être responsables de crues éclair !

- Parfaitement, c'est un phénomène similaire à ce que je viens de décrire. En fait dans les pays aux hivers rudes, comme par exemple le Canada, les plaques de glace peuvent s'agglomérer pour former un embâcle. Lorsque ce dernier cède d'un seul coup ou explose sous la pression du courant descendant, une grande quantité d'eau déferle soudainement. Le mécanisme est le même que celui décrit précédemment. En aval de la barrière, l'énorme vague ainsi créée, avec son front encombré de débris, balaye pratiquement tout sur son passage, y compris des ponts !

- Les crues éclair ont surtout lieu dans le sud de la France ?
- Elles ne sont pas restreintes à cette région particulière mais il est vrai que, chaque année, les régions situées principalement dans la zone d'influence de la Méditerranée connaissent des périodes pluvieuses intenses qui sont à l'origine d'inondations subites. Elles sont extrêmement dangereuses du fait de leur caractère très rapide et violent qui ne laisse que quelques heures pour réagir. La plupart des gens ont tendance à sous-estimer et même oublier - la mémoire des catastrophes s'efface vite - au fil des années le danger qu'elles représentent, d'autant plus qu'elles peuvent naître fort loin des endroits qu'elles vont dévaster et apparaître brutalement dans des lits de torrents ou de petits ruisseaux qui, quelques minutes auparavant étaient à sec !

- On cite souvent les catastrophes de Nîmes et de Vaison-la-Romaine.
- En effet, à Nîmes la crue éclair du 3 octobre 1988 a été très dévastatrice. Avec un débit maximum d'environ 1000 m3/seconde, de l'ordre du débit moyen du Rhône, elle a ravagé le centre ville et tué neuf personnes.

A Vaison-la-Romaine dans le Haut Vaucluse, les 21 et 22 septembre 1992 il est tombé 200 mm d'eau en 24 heures. L'Ouvèze a enregistré une crue éclair et trente-quatre victimes sont à déplorer. Je peux encore vous citer les crues éclair de l'Aude en 1999, du Gard en 2002 et de l'Hérault en 2003, et ainsi de suite… Si vous faites un bilan vous vous apercevez que dans le passé historique du bassin méditerranéen il y a eu de nombreuses crues catastrophiques. Néanmoins, elles n'ont jamais atteint le niveau dramatique des catastrophes récentes. Les phénomènes météorologiques ne peuvent, à eux seuls, expliquer l'ampleur récente des crues et les désastres associés !

- Vous laissez deviner d'autres causes ?
- Parfaitement, et elles sont nombreuses. Pour n'en citer que quelques-unes, ce sont les transformations de l'environnement naturel, l'urbanisation débridée, l'occupation anarchique des sols, la rectification des lits fluviaux et les aménagements hydrauliques !

Confortablement assis dans le calme de la grande maison, tout en dégustant une bonne vieille bouteille et en écoutant Saint Louis Blues, interprété au piano par Ray Bryant, Eric visionne et auditionne dans la pénombre du soir ses documents photos et vidéo. Après son périple dans le Sud-ouest il est content de retrouver la demeure familiale de Beaune - où ses parents, préférant la douceur du Sud-ouest au brouillard hivernal, ne viennent maintenant que très rarement - qu'il occupe au hasard de ses passages. Il y retrouve le calme et la sérénité. La maison donne d'un côté sur les remparts de la vieille ville, et du côté opposé ses fenêtres dominent une petite rue tout aussi calme.

- Récapitulons un peu ce que j'ai appris récemment sur les ondes hydrodynamiques aux propriétés spéciales qui peuvent être dévastatrices, songe-t-il en se levant. Il fait quelques pas, se concentre un instant puis s'assied et déclame, tout en tapant sur son clavier, le texte suivant :

Le mascaret est une vague déferlante avec un front unique ou avec un front suivi d'un train ondulant de vagues qui remonte le courant d'une rivière. Il résulte de la confrontation du courant de la rivière et de celui dû au phénomène physique périodique des marées. On sait donc parfaitement prévoir son apparition et son amplitude. Dans le sens de la marée montante il progresse à une vitesse de dix à quarante kilomètres à l'heure, et son amplitude peut aller de quelques dizaines de centimètres à presque neuf mètres pour le plus haut. Il peut être à l'origine de catastrophes comme des petits naufrages ou des noyades.

Les vagues scélérates se forment au hasard au large de l'océan, en eau profonde. Elles peuvent atteindre plusieurs dizaines de mètres de hauteur et quelques centaines de mètres de longueur. Ceci les rend extrêmement dangereuses pour la navigation. La génération de ces vagues géantes résultant d'un mélange subtil d'ondes de grande ampleur - comme le suggèrent les études les plus récentes de dynamique non linéaire - on ne peut savoir où et quand elles vont apparaître. On les traque par satellite et on les détecte dès qu'elles sont formées. Depuis des siècles, elles sont responsables de catastrophes maritimes que l'on prend maintenant vraiment au sérieux, néanmoins elles restent mal connues.

La crue éclair se présente, comme le mascaret, sous forme d'une grosse vague au front assez raide dont la vitesse peut atteindre plusieurs dizaines de kilomètres à l'heure. Contrairement au mascaret qui est prévisible et remonte la rivière, elle la descend et surgit brutalement sans signes précurseurs, pour tout ravager sur son passage. Il suffit d'un gros orage à plusieurs kilomètres en amont pour qu'une vague monstrueuse dévale le cours d'eau entre les rives encaissées d'un torrent, d'une combe ou d'un canyon. Un seul indice permet de prévoir l'arrivée de cette vague, c'est le bruit caractéristique qui la précède, une sorte de rugissement.

Alors que s'imprime ce court résumé relatif à trois types d'onde pouvant engendrer des catastrophes, il veut contrôler l'orthographe de quelques synonymes. Machinalement, comme il le fait souvent, il tend le bras derrière lui pour saisir à l'aveuglette son encyclopédie préférée. Sa main ne rencontre pas directement l'imposant ouvrage qu'il a l'habitude d'utiliser. Surpris, il se lève, se retourne et examine de plus près sa bibliothèque dont il connaît parfaitement l'agencement.
 - Bizarre ! se dit-il. C'est bien la première fois que je ne mets pas automatiquement la main sur ce volume ! Il réalise rapidement que l'ouvrage a été déplacé. Ce ne peut être la dame qui s'occupe du ménage car elle se garde bien de toucher à quoi que ce soit ici !
 - Quelqu'un est venu en ces lieux, c'est indubitable ! murmure-t-il. Puis tout haut : ça devient lassant ces plaisanteries, il faut que je réagisse ! Il saisit le téléphone.
 - Allô Pierre, peut-on se voir assez rapidement ? Ah bon, tu viens tout de suite... C'est sympa malgré l'heure tardive, je t'attends !
 - Voilà je t'ai tout dit ! fait Eric en s'adressant à Pierre, un grand gabarit frôlant le mètre quatre-vingt-dix. Blond aux yeux bleus il a

un regard toujours souriant et gai qui traduit une perpétuelle joie de vivre et un caractère propice à l'humour. Son métier amène cet homme polyvalent à installer et réparer les systèmes électroniques et numériques. Vautré dans un fauteuil il a suivi le résumé de la situation distillé par Eric sans l'interrompre une seule fois.

- La première chose à régler est l'installation d'un dispositif de surveillance discret et efficace. Je vais faire le nécessaire.
- C'est-à-dire ?
- Je vais disséminer dans ta demeure quelques webcam à déclenchement automatique, couvrant le spectre visible et infrarouge. Elles seront dissimulées en des endroits stratégiques de ta demeure. Elles seront reliées, sans fil, à un de tes ordinateurs de telle façon que, aussi bien la nuit que le jour, tout mouvement et tout bruit intempestif seront filmés, cryptés et systématiquement enregistrés.
- C'est efficace ?
- Ça le sera !
- La deuxième chose, c'est essayer de comprendre cette situation floue où tu es plongé. Quelques indices seraient les bienvenus !
- Je veux bien, mes lesquels..., je rassemble au grand jour des faits et des informations sur les ondes et les catastrophes et on m'espionne !
- Peut-être qu'en furetant de droite et de gauche tu risques de découvrir quelque chose qui dérange certaines personnes ?
- Avec un sujet pareil ?
- J'admets que c'est surprenant. En attendant faisons le point. D'après tes dires, ça fait trois fois que tu détectes un événement suspect ?
- Oui, la première fois, c'était à Hossegor : un copain surfeur m'a rapporté qu'un inconnu l'avait questionné sur mes activités. Quelques jours plus tard à Chester en Angleterre j'ai eu une visite nocturne dans ma chambre d'hôtel. La troisième fois, je découvre ici les traces d'une visite !
- Rien d'autre ?
- A priori non. Il faut dire qu'à première vue il n'y a pas de lien entre ces évènements si ce n'est que je suis sur la piste des ondes spéciales.

- Au cours des autres étapes de ton voyage as-tu eu l'impression d'avoir été suivi ou d'avoir vu plusieurs fois la même personne ? Réfléchis bien.
- Non, rien n'a particulièrement retenu mon attention.
- Malgré cette incertitude, il serait bon d'amener l'ennemi à se découvrir, c'est classique mais je ne vois pas d'autre solution.
- L'ennemi... ? Tu y vas un peu fort !
- Va donc savoir, nous avons tous des ennemis insoupçonnés.
- Je veux bien te croire, et que proposes-tu ?
- J'ai ma petite idée. Est-ce que tu projettes de voyager ces temps-ci ?
- Oui, je pense me rendre dans le sud-est de la France et puis en Asie sur les lieux du tsunami de 2004.
- Dans un premier temps, je voyage avec toi localement. En compagnon de route discret, je resterai tapi dans ton ombre.
- Tu ne me demandes même pas mon avis ?
- Absolument pas, je m'impose. Imagine d'autre part que toi, un journaliste connu, tu pondes pour ton journal national un article percutant et accrocheur. T'as assez de copains à la télé, la radio et dans la presse pour faire pas mal de pub autour et bien faire mousser la chose en t'invitant à quelques débats publics. Evidemment tout cela doit simultanément faire vitrine sur internet.
- Un peu provocateur ton programme !
- Juste un poil, dans le but de toucher un maximum de monde, mais pas trop quand même de manière à ne pas effrayer les supposés rôdeurs de l'ombre.
- Ta proposition me plaît, marché conclu !

Le lendemain, à l'aube, on retrouve Eric à Dijon dans le bureau d'un de ses amis qui est Professeur à l'Université de Bourgogne. Ce physicien à l'œil vif, au regard malicieux et à la chevelure folle est un peu farfelu sur les bords. Il est responsable d'une petite équipe effectuant des recherches sur les divers aspects des ondes non linéaires du type soliton, raison pour laquelle les étudiants l'ont baptisé Solitonus.

- Ton enquête est intéressante, d'autant plus que tu prospectes sur le terrain des ondes si je peux m'exprimer ainsi. Pour l'instant sur les trois types d'onde à catastrophe considérés tu n'as pu observer que des mascarets. Il est utopique d'espérer voir des vagues scélérates, mais pour les crues éclair je pense que tu peux anticiper les lieux possibles en étant informé, sur internet, des prévisions d'orages et des précipitations abondantes. En plus tu peux te rendre au bon moment dans certaines régions, comme par exemple le Midi, pour observer ces ondes particulières.

- En effet, j'aimerais prospecter dans les gorges, les canyons et autres lits de torrents ou de ruisseaux ne payant pas de mine mais susceptibles d'être sujets à des crues éclair dues aux orages mais aussi aux lâchers de barrages.

- C'est une idée, mais dans un premier temps pourquoi aller chercher si loin. La côte bourguignonne (ainsi que beaucoup d'autres coteaux en France) tout simplement avec ses pentes assez marquées est propice à la génération de crues ou écoulements éclair d'amplitude relativement modeste mais réelle. J'entends par là des masses d'eau, d'un mètre de haut au grand maximum, créées en un court laps de temps à l'issue de trombes d'eau isolées, qui peuvent soudain dévaler des chemins creux ou des petits ruisseaux initialement à sec. Néanmoins malgré leur importance réduite ces mini crues éclair peuvent te donner l'occasion de les observer et de te familiariser avec leur comportement. En effet il faut garder à l'esprit que la vigne est presque toujours plantée suivant la ligne de plus grande pente qui peut être assez importante en Bourgogne. Ses rangs sont assez espacés et couvrent faiblement le sol, ils ne protègent pas contre l'impact de la pluie et n'assurent pas la protection du sol face au ruissellement. Dans les vignobles en pente, il en résulte des phénomènes d'érosion hydrique comme le déchaussement des pieds, un phénomène relativement connu depuis longtemps par des gens de la vigne qui remontaient systématiquement la terre. La mécanisation et son intensification ainsi que l'augmentation des surfaces plantées contribuent encore à la formation de rigoles par les traces de roues des tracteurs enjambeurs. De plus l'utilisation de désherbant chimique vient renforcer le ruissellement en créant des surfaces tassées et non absorbantes. Il en résulte que ces écoulements peuvent être à l'origine de dégâts non négligeables comme les ravinements et les coulées de boue dans les vignes.

- Dis donc la liste est longue !
- Et j'en passe. Je pense que cela peut fournir la matière de ton article destiné à faire bouger les choses et piéger les importuns. Que pense-tu d'un titre du genre : CRUES ECLAIR ET DÉGÂTS DES VIGNES ?
- Pas mal du tout, ça risque de faire mouche.
- Pour compléter, je te signale que des crues éclair se forment de plus en plus fréquemment dans les villes. En effet plus le sol est recouvert de béton ou d'asphalte moins il laisse filtrer l'eau. Dans ces conditions l'accumulation rapide d'eau de ruissellement fait déborder rigoles et caniveaux et l'eau peut envahir les ruelles étroites puis les rues sous forme d'une crue éclair au pouvoir destructeur, qui disparaît presque aussi vite qu'elle est apparue.
- Mais les barrages et les digues mis en place pour contenir ces crues subites sont-ils efficaces ?
- Non, si le débit est trop important ces structures révèlent leurs carences en provoquant des inondations lentes mais destructrices.
- Je ne pensais pas que la crue éclair pouvait se produire si facilement !
- Facilement n'est pas le qualificatif adéquat, il vaudrait mieux dire couramment. Physiquement c'est une onde non linéaire à front raide, en forme de marche d'escalier, c'est une onde de choc dont tu connais déjà l'existence. Elle se propage à une vitesse de l'ordre de quelques dizaines de kilomètres à l'heure, légèrement supérieure à la vitesse

moyenne de l'eau dans la rivière comme le montrent les calculs effectués par les physiciens à partir des équations générales du mouvement des fluides établies au dix-neuvième siècle par le Français Louis Navier. L'importance universelle de ces équations de la mécanique des fluides a été mise en évidence par l'Anglo-saxon Georges Gabriel Stokes. En passant je te signale que Louis Navier, ingénieur et constructeur de ponts, est né à Dijon !

- Si je comprends, les facteurs favorisant l'existence de cette onde sont dus à l'être humain ?

- Exactement, ils amplifient le phénomène. J'insiste encore mais ce sont les aménagements de toutes sortes : le déboisement, la suppression des haies, l'urbanisation nouvelle, l'implantation d'activités industrielles et commerciales, d'infrastructures diverses dans des zones inondables sans se soucier de leur vulnérabilité, qui aggravent la situation.

- J'aimerais revenir aux écoulements dans les vignes.

- Dans ce cas, le comportement est plus délicat à comprendre car du sable, de la terre et même des cailloux sont mélangés à l'eau !

- Peux-tu préciser ?

- Eh bien, l'écoulement naturel d'un fluide granulaire, c'est-à-dire un fluide contenant des particules solides, est différent de celui d'un fluide comme l'eau. Son comportement plus complexe va tendre vers celui de ce que l'on appelle une lave torrentielle. Ceci bien sûr si la concentration en grosses particules augmente. En fait ce n'est pas de l'eau, ce ne sont pas des pierres, c'est une sorte de magma boueux qui transporte des cailloux ou rochers de toutes tailles d'où le nom de lave par analogie avec la matière en fusion des volcans. Le mélange de tous ces matériaux est favorisé par l'augmentation de pente, ainsi une crue éclair liquide peut se transformer en lave torrentielle. Néanmoins, tous les torrents ne génèrent pas des laves torrentielles car la composition du mélange est aussi un facteur déterminant.

- Quel est l'état de la recherche ?

- C'est un problème qui rejoint l'étude des écoulements naturels des liquides dits complexes qui ont un comportement très différent de celui des autres fluides, du fait de la concentration importante de particules solides. Pour caractériser et comprendre ces phénomènes les chercheurs analysent les mouvements des laves torrentielles en utilisant les méthodes de la mécanique des fluides. Ils construisent des modèles pour simuler numériquement la propagation des laves torrentielles et font des expériences sur des maquettes de laboratoire à échelle réduite.

- Et alors ?

- Eh bien, grâce à ces recherches il est possible de prédire les zones susceptibles d'être touchées par d'éventuelles laves torrentielles et de concevoir des aménagements adéquats. À ce propos je voudrais ajouter que l'entretien et la restauration des cours d'eau demeurent des éléments de sécurité fondamentaux. De nombreuses inondations ont été aggravées localement par l'accumulation d'embâcles sur les piles de pont. Qui plus est lorsque, en cas de rupture, ces « bouchons » sautent, l'effet de vagues déferlantes vient encore aggraver la situation. Je dois ajouter qu'en haute montagne la vidange subite d'une poche d'eau s'étant accumulée à l'intérieur d'un glacier peut se traduire en aval par une importante lave torrentielle - où des blocs de glace sont mélangés aux composants habituels - qui va déferler en aval du front du glacier. Des températures douces en haute altitude, dues à une période particulièrement clémente ou au réchauffement climatique, contribuent à la formation de ces poches.

- Physiquement comment se comportent les laves ?

- Elles se déplacent souvent par « bouffées » successives dans le lit du torrent à des vitesses qui peuvent dépasser plusieurs dizaines de kilomètres à l'heure. Quand elles s'arrêtent, elles peuvent se compacter et devenir très dures. En réalité une lave n'est pas un fluide simple du type fluide dit newtonien ou fluide de viscosité constante comme par exemple l'eau, l'air et bien d'autres fluides que l'on rencontre dans la vie courante. Ces derniers obéissent aux lois de la mécanique classique de Newton.

- J'ai déjà entendu parler de ce genre de fluide, si ma mémoire est bonne c'est par exemple un liquide qui a la propriété remarquable de devenir quasiment solide quand on lui applique une pression. Inversement il existe des substances à l'apparence solide, se liquéfiant lorsqu'elles subissent une contrainte.

- Tout à fait, ce sont des fluides complexes, dits non newtoniens, dont la viscosité peut varier suivant la vitesse de l'écoulement expliquant ainsi le changement d'état physique. On en rencontre dans la vie de tous les jours, ce sont par exemple : les boues, les sables mouillés, le sang, la pâte dentifrice… Ils se liquéfient sous une augmentation de pression. A l'inverse, le liquide synovial, dans le genou ou le coude, devient plus visqueux sous l'action d'un choc ou d'une torsion, aidant à amortir les effets mécaniques et à protéger l'articulation. Une solution d'argile et d'eau peut devenir plus épaisse et visqueuse quand on la piétine.

Cette propriété permet de réaliser une expérience spectaculaire c'est-à-dire « marcher sur l'eau ». En effet, une personne marchant en piétinant peut progresser à la surface d'un petit bassin, rempli d'un liquide non newtonien constitué d'eau et de maïzena (ou d'amidon), sans s'enfoncer. Par contre elle s'enfonce et finit par couler si elle pose les pieds normalement.

- C'est remarquable !

- Oui, tu peux trouver une vidéo de cette expérience, qui a été réalisée par des étudiants espagnols, elle est présentée sur un site internet dont je peux te donner l'adresse.

- Je regarderai ça plus tard, car demain je pars dans les Hautes-Alpes pour enquêter sur le comportement des torrents.

- Parfait, quand tu rentreras je te présenterai Jérôme, un jeune chercheur passionné de notre équipe. C'est un fanatique des ondes de grande amplitude, il recherche des solutions aux équations mathématiques complexes qui modélisent leur propagation. Mais, comme je t'ai déjà dit, il aime les manipuler théoriquement et numériquement mais ça ne

lui suffit pas, il est vraiment intéressé par leur observation sur le terrain dans la nature et il serait heureux de t'accompagner dans ton enquête. Je peux obtenir des crédits spéciaux pour ses frais de déplacements.
- Pas de problème, on en discute à mon retour !

3. Des séismes aux tsunamis

Seuls quelques gros nuages blancs parsèment le ciel d'azur sur lequel se détachent les pics enneigés. Assis sur un gros rocher Eric observe le mince filet d'eau bleu-vert qui clapote, semble hésiter et zigzague de petit bassin en petit bassin en suivant le lit torturé du torrent qui descend dans le petit vallon. L'endroit est magnifique, seuls le bourdonnement des insectes et le piaillement de quelques oiseaux troublent le calme.

Détendu et heureux de profiter de cette merveilleuse nature, Eric sort le repas de son sac à dos. Tout à l'idée de savourer ses victuailles il prend soudain conscience d'un bruit diffus dans le lointain.

- Bizarre ce grondement soudain, et on dirait qu'il va en s'amplifiant ! se dit-il en dressant l'oreille.

Après un court instant, les paroles de la jeune femme à Toulouse lui résonnent dans la tête et d'un seul coup c'est le déclic, il clame :

- Ce rugissement ? Mais... ! Il bondit sur ses jambes, remballe ses affaires en catastrophe et se met à gravir comme un fou les berges du torrent.

Hors d'haleine, il s'est à peine éloigné du petit canyon creusé par le torrent qu'une imposante vague déferlante d'environ deux mètres émerge au sommet de la déclivité et s'engouffre dans la pente en grondant. Elle balaye tout sur son passage, l'endroit où il était quelques minutes auparavant n'échappe pas au désastre. Comme pour montrer sa puissance, la vague entraîne comme un fétu de paille à une dizaine mètres en aval le gros bloc rocheux sur lequel il était assis quelques instants auparavant. Puis le torrent retrouve très rapidement son petit débit initial et tout redevient calme. Encore marqué par cette colère subite du torrent, Eric a l'impression d'avoir rêvé. Néanmoins, en reporter habitué aux situations imprévues, il a réagi efficacement et pris instinctivement des photos de la crue éclair.

- Je suis ridicule, malgré les recommandations de prudence dont j'ai été abreuvé ces temps-ci j'ai bien failli me faire avoir ! Je dois une fière chandelle à cette jeune femme de Toulouse et ses mises en garde sur l'aspect imprévisible des crues rapides, il faudra que je repasse dans cette ville et l'invite au restaurant, songe-t-il. Cet événement me fera une parfaite entrée en matière...

Tout en reprenant ses esprits Eric réfléchit à l'incident. Les prévisions météo de ce matin étaient on ne peut plus favorables et il semble peu probable qu'une précipitation importante en altitude soit responsable de cette crue éclair. La situation n'est pas claire et en consultant sa carte IGN au 1/25000 il remarque une minuscule tache bleue, à environ cinq cents mètres en amont de l'endroit présent, qui lui a échappé en première lecture. Rien ne permet de deviner si elle signale un petit barrage hydroélectrique. Dans ce cas, un lâcher d'eau a peut-être été fait, mais aucun panneau, tant en bas que le long du torrent, ne mettait en garde de ce danger.

Décidé à tirer cette affaire au clair, il se met aussitôt à grimper allègrement en direction du point d'eau. Après une centaine de mètres d'une pente assez raide il arrive à trouver un replat, puis le torrent s'encaisse et la pente se raidit à nouveau. Rendu prudent, il choisit de faire un peu d'escalade pour contourner le canyon tout en frissonnant à l'idée de ce qui aurait pu se passer s'il avait été surpris par la vague en cet endroit encaissé.

Finalement, Eric découvre bien une retenue d'eau qui n'a rien d'hydroélectrique et dont la vanne rudimentaire commandée par un mécanisme à bascule a été actionnée tout récemment, comme l'indique la faiblesse du niveau d'eau actuel.

- Ça alors, on a essayé soit d'attenter à mes jours soit tout simplement de m'intimider, réfléchit Eric tout en analysant lucidement la situation : j'ai grimpé aussitôt après le passage de la vague, donc l'auteur de cette plaisanterie de mauvais goût ne connaît pas l'issue de son piège et a fortiori il ne peut se douter que je suis déjà là. J'ai une chance de le repérer en m'installant dans un endroit surplombant le coin, il doit probablement descendre en s'écartant au maximum de l'axe du torrent !

Après avoir pris de l'altitude, Eric utilise le zoom de son appareil numérique pour scruter systématiquement le paysage en contrebas fait d'éboulis et d'arbres rabougris. A première vue rien ne bouge. C'est seulement après plusieurs minutes qu'il discerne un léger mouvement à environ deux cents mètres à droite de sa propre position. En scrutant l'endroit il distingue une forme assise à l'ombre d'un gros bloc rocheux : c'est la silhouette d'un homme mince, légèrement voûté, coiffé d'un chapeau à larges bords. Rien ne permet de savoir si la présence de ce type a quelque chose à voir avec le lâcher d'eau ou si on a tout simplement affaire à un promeneur, néanmoins comme c'est la seule présence dans les parages il décide de ne plus quitter le type des yeux.

Après un long moment le type se lève, endosse un sac et commence de descendre parmi les rochers. Eric démarre une filature discrète en maintenant une distance importante et constante entre lui et l'homme qui marche tranquillement. A priori, il ne semble pas sur ses gardes.

À un moment donné le type, qui ne s'est pas retourné une seule fois, bifurque insensiblement à gauche en direction du torrent et finalement s'approche de la rive droite du petit canyon. Arrivé là il marque une pause, puis il se penche en avant comme pour examiner - à la distance où se trouve Eric, il lui est difficile de suivre ses faits et gestes - le fond de la gorge. Il répète ce manège en progressant de quelques mètres à chaque fois. Lorsqu'il arrive à l'extrémité située en aval du canyon Eric le perd totalement de vue. Après avoir attendu un temps qu'il juge suffisamment long il se risque au bord du canyon, pour enfin voir à nouveau le type se déplacer rapidement à la sortie du canyon dans les amas de rochers le long du torrent puis sur un sentier qui serpente dans les mélèzes. Sur ce terrain, propice à la dissimulation, Eric en profite pour accélérer le pas et se rapprocher au maximum de l'individu. Il le suit ainsi pendant un bon moment jusqu'à une lisière débouchant sur un alpage important. C'est alors que le type se retourne d'un seul coup, heureusement Eric ne s'était pas encore engagé sur le pré et il a eu le temps de s'accroupir parmi des arbres.

- Avec la lumière dans les yeux, je ne pense pas qu'il m'ait vu, mais à partir de là c'est impossible de le pister sans se faire repérer ! songe Eric en regardant le type s'éloigner.

- Tu sais, je ne pouvais pas faire autrement que de le laisser filer ! dit Eric pour conclure le récit de sa balade le long du torrent. Pierre a, comme prévu, rejoint discrètement Eric à Briançon dans un hôtel où nos deux compères sont en train d'analyser calmement la situation.

- Tu t'es comporté sainement, moi, à ta place, je n'aurais pas anticipé le danger que représentait le grondement et je me serais fait piéger par la vague !

- Mon vieux, tu n'as pas eu la chance d'être initié par une charmante jeune femme !

- Initié à quoi… ?

- À une crue éclair, mon vieux !

- Tu as bien fait… mais quand même je me demande ce que veut cet hurluberlu qui te traque. Il a bien failli te rayer de la carte des vivants !

- Attends, ne va pas si vite en besogne. Tout reste à prouver !

- Fais voir tes photos !

- Tout d'abord la vague !

- Oh dis donc, elle est superbe et impressionnante ! Quand même t'as eu chaud !

- Tout à fait, mais grâce aux agissements de ce mec supposé mal intentionné, l'occasion de photographier une crue éclair m'a été offerte. Admire ces images du front qui dévale la pente, vu la limpidité de l'eau on peut considérer que c'est une crue éclair qui charrie un minimum de débris. Il n'y en a pas assez pour que ce soit une lave torrentielle !

- Tes photos du mec sont suffisamment nettes pour que l'on puisse les exploiter et, entre autre, tracer un portrait caractéristique de cet espion patenté !

- Tu sais, en regardant l'écran de l'ordinateur cet agrandissement me rappelle la silhouette filiforme du type que j'ai failli alpaguer dans ma chambre à Chester en Angleterre !
- C'est une remarque pertinente, à vérifier !
- On finira bien par lui faire dévoiler ses batteries !

Le lendemain, dans la légère brume matinale qui s'élève au-dessus de la vallée de la Guisane - rivière qui prend sa source au col du Lautaret et se jette dans la Durance à la sortie de Briançon - un type d'une quarantaine d'années, au visage buriné et aux yeux vifs, raconte à Eric :
- Tout commence par une petite pluie d'apparence anodine. Puis, en cette fin d'après-midi du 24 juillet 1995, des orages d'une intensité exceptionnelle éclatent dans un rayon d'une dizaine de kilomètres autour de Briançon. Sur les sommets escarpés s'abat un déluge de pluie, des rigoles se forment rapidement, deviennent des ruisselets qui se transforment en ruisseaux. La raideur des pentes fait rapidement évoluer ces derniers en cascades innombrables qui viennent gonfler les torrents dont les flots impétueux dévalent vers la Guisane tout en charriant de plus en plus de matières solides, argiles, graviers et blocs rocheux !
- Sont-ils nombreux ces torrents ?
- Plusieurs dizaines, regardez, ça vous donnera une idée ! fait-il en dépliant une carte où l'on mesure le grand nombre d'affluents torrentiels de cette rivière.

Tous ces torrents débitent en même temps, c'est impressionnant.
- En effet, mais la plupart des crues éclair qui naissent sont dues aux affluents des vallées principales. Je continue donc mon récit. A 20h15 le hameau de l'Envers situé sur le cône de déjection du torrent du Peytavin est la première victime d'une lave torrentielle dont les flots

boueux dégringolent littéralement de la montagne en transportant toutes sortes de débris et d'énormes blocs rocheux d'un mètre cube ou plus. Ils submergent et laminent tout sur leur passage : le lendemain les traces laissées sur les murs des habitations attesteront d'un niveau de coulée atteignant environ un étage. Dix minutes plus tard le torrent du Bez - dont le cône de déjection a vu se développer une grande partie de la station touristique de Serre Chevalier - génère une lave torrentielle dévastatrice où boues, débris divers et blocs rocheux qui roulent sur le fond ou bondissent de place en place, se mêlent pour tout dévaster sur leur passage. Un embâcle lié au pont routier amplifie la catastrophe en lâchant d'un seul coup. Finalement, en arrivant sur une pente plus faible la lave dépose les boues, les graviers, les pierres et les gros blocs sur le cône de déjection. Les dégâts sont considérables : plus de vingt habitations sinistrées, une quinzaine de locaux professionnels endommagés et cinquante véhicules hors d'état !

- On peut imaginer l'impact de ce désastre sur la population ?

- Ces dévastations ont semé la panique parmi les touristes - en majorité des citadins peu habitués aux phénomènes naturels et encore moins préparés à ce genre de catastrophe - qui, en cette période estivale occupent les communes touristiques de la vallée. Mais ce n'étaient que des dégâts matériels, le pire avait été évité !

- C'est une zone à risque ?

- Si l'on se réfère aux archives, depuis la fin du quatorzième siècle il y a eu environ cent vingt crues torrentielles répertoriées dans la vallée de la Guisane. Dans ce contexte et durant cette période, les torrents du Peytavin et du Bez ne se sont pas singularisés, à part deux crues aux dégâts relativement modestes. Toutefois ce sont ces deux torrents qui ont été le siège des laves torrentielles les plus dévastatrices en cette fin juillet 1995 !

- Alors qu'est-ce qui a changé ?

- L'urbanisation croissante des cônes de déjection liée au développement touristique n'est pas innocente !

- Si je comprends bien elle a augmenté la vulnérabilité des sites au voisinage des torrents !
- En effet, et il faut ajouter que l'imprévisibilité attachée aux mécanismes physiques inhérents à ce genre de catastrophe n'a pas changé !
- Vous travaillez sur ce genre de problèmes ?
- Oui quand j'étais au labo à Grenoble, mais depuis que je suis ici à la Météo je m'intéresse à d'autres aspects de la question comme la vulnérabilité. A ce propos la menace que représente le torrent du Verdarel, qui se jette ici dans la Guisane en amont de la commune de Saint Chaffrey, n'est pas négligeable. Avec son affluent, le torrent Sainte Elisabeth est dans le peloton de tête des torrents les plus redoutables de la vallée de la Guisane. Début juillet 1981, il a été le siège d'une lave torrentielle extrêmement violente qui a provoqué des dégâts considérables sur son cône de déjection et a fortement traumatisé la population. Paradoxalement, à l'heure actuelle son cône de déjection accueille une partie de l'urbanisation nouvelle, non pas sous la forme de résidences touristiques, mais sous la forme principale d'un habitat individuel permanent…!
- Il semble que la sagesse ancestrale et la culture du risque naturel traditionnellement perpétuées par les anciens soient tombées à l'eau si l'on peut dire !
- Parfaitement, la population actuelle n'a plus la prudence et la connaissance ancestrales du milieu naturel, elle semble oublier que ces évènements naturels sont absolument imprévisibles - j'insiste à nouveau - et peuvent avoir des conséquences extrêmement cruelles.
- Vous avez raison, la vulnérabilité est un paramètre déterminant dans les catastrophes de tout poil.
- Dans ce contexte, les torrents de la magnifique vallée de la Clarée, qui se trouvent juste de l'autre côté de ce massif, constituent avec leurs cônes de déjection des secteurs privilégiés de l'aménagement des vallées, mais ils correspondent aussi aux zones de dépôts des crues éclair

ou laves torrentielles qui peuvent se produire. C'est par exemple le cas du torrent du Roubion dont le cône de déjection a vu se construire de nombreux bâtiments en majorité utilisés pour l'accueil des touristes !
- Je vois !
- Ceci se passe de tout commentaire !

En fin d'après-midi, après une découverte pédestre des torrents caractéristiques de la Guisane et de la Clarée, en compagnie de son guide, Eric rejoint son hôtel. En début de soirée, alors qu'il vient de s'installer pour le repas du soir, Pierre le rejoint l'air décontracté :
- Alors la journée a été faste ?
- Faste, je dirais plutôt éprouvante malgré mon entraînement, le type de la météo m'a fait crapahuter toute la journée le long des torrents, il galope comme un vrai chamois. Mais j'ai appris beaucoup de choses.
- Super, eh bien figure-toi que moi aussi je n'ai pas perdu mon temps. En fin de matinée, j'étais dans le salon bar près de la réception quand un homme est entré, un maigrichon à la mine pâlotte et l'apparence dégingandée. Je ne sais pas pourquoi mais j'ai tout de suite pensé à la description de ton type et, en utilisant mon journal pour dissimuler mon portable, j'ai réussi à en prendre des photos. Tiens les voilà !
- Ce visage et cette silhouette, ça lui ressemble ! fait Eric en analysant soigneusement les deux clichés. Finement joué Pierre !
Plus tard dans la chambre d'Eric en comparant leurs photos respectives les deux compères en arrivent à la même conclusion. Alors qu'ils sont en train de discuter de la stratégie à suivre, Pierre se tait et dresse l'oreille : il vient d'entendre un léger bruit derrière la porte et la désigne silencieusement. Il s'en approche furtivement et l'ouvre d'un seul coup pour voir un type disparaître à l'angle du couloir. Il souffle aussitôt à Eric :
- C'est notre homme !
Il bondit à sa suite juste pour le voir tourner à l'angle du couloir. Il l'interpelle et se précipite sur ses pas pour découvrir que le bonhomme

a disparu. Au jugé il ouvre la première des deux portes qui se présentent à lui : c'est une buanderie. Il essaye la seconde : c'est l'accès à un escalier de service étroit et mal éclairé. Il n'a pu disparaître que par là ! songe-t-il en un éclair et il dévale les marches tout en hurlant :
- Vite Eric, l'escalier principal !

Il lui faut à peine trente secondes pour déboucher en trombe à la réception, suivi de près par Eric, pour constater que le type s'est volatilisé !
- Je le serrais vraiment de près, comment a-t-il fait ?
- Imagine qu'il soit monté au lieu de descendre !
- Mais bien sûr Eric, suis-je donc bête, c'était la solution. Il doit être loin maintenant !

Le lendemain matin sur le chemin du retour, au volant d'un quatre-quatre Pierre négocie tranquillement les lacets du col du Lautaret.
- Je me demande toujours ce que nous veut cet individu ? fait Eric, songeur.
- C'est peut-être un concurrent qui a lancé un sbire sur le même sujet !
- Un concurrent pour quoi ? Pour l'instant personne ne sait ce que je prépare, tu crois à cette fantaisie ?
- Non, mais il faut bien analyser différents cas de figure !

Penché sur une carte Eric commente pour Jérôme, un jeune type d'une trentaine d'années, membre de l'équipe de Solitonus, les observations physiques relatives aux ondes qu'il a rapportées de ses derniers voyages.
- Comme tu viens de le voir, jusqu'à maintenant je suis allé à la pêche aux informations uniquement pour les ondes hydrodynamiques de surface, d'amplitude importante. C'est-à-dire les mascarets, les vagues scélérates, les crues éclair et les laves torrentielles !
- Oui ce sont uniquement des ondes qui, bien qu'elles soient dépendantes de la profondeur, se manifestent à la surface de l'eau !

- Tu entends par là qu'il existe des ondes sous l'eau !
- Oui, ce sont des ondes internes, il n'y a pas de vague en surface. Elles peuvent par exemple naître dans l'océan entre deux couches de densité ou salinité différente. Elles ont été observées par satellite en pleine mer où elles présentaient un danger certain pour les stations de forage en mer et aussi dans le détroit de Gibraltar !
- Dans le détroit de Gibraltar ?
- Oui, sous la forme d'un train de solitons généré et accéléré par le passage du courant atlantique dans le détroit et la différence de profondeur à son entrée. À la rencontre entre l'eau de l'Atlantique, plus fraîche et moins dense que celle de la Méditerranée plus saline, des ondes internes se développent à une profondeur d'environ 60m à 80m. Chaque soliton prend naissance et se développe indépendamment tandis que le courant d'eau dépendant de la marée montante est comprimé pour former ces vagues internes. La distance entre chaque train de solitons est de 60km. À marée descendante ce phénomène disparaît et il n'y a plus de solitons !
- Ce que tu m'apprends là est fort intéressant et je le note pour la suite de mon enquête. Mais pour revenir en surface si l'on peut dire j'aimerais que l'on discute du tsunami !
- S'intéresser aux tsunamis est une bonne chose, mais ce sont en majorité des ondes marines de grande longueur provoquées par des séismes sous-marins, avant de se manifester en surface…, il serait judicieux de commencer par enquêter sur les tremblements de terre !
- Tu as entièrement raison, je suis un novice en la matière et me rallie à ta proposition !
- Merci de me faire une telle confiance. J'ai apporté quelques documents sur le sujet. Je vais remonter dans le temps en te lisant un petit topo que j'ai préparé.
- A ta guise. De mon côté j'ai pris deux billets pour Paris : demain je t'invite chez des spécialistes pour une réunion informelle sur les séismes et leurs conséquences.

- Super, au moins avec toi ça bouge !

Le lendemain Eric et Jérôme se présentent dans un laboratoire parisien de physique des séismes où ils sont accueillis par Gaëlle, une jeune femme d'environ trente ans au regard vif et à la gaieté communicative – ce qui ne gâte rien comme dira plus tard Eric – et Philippe, un type d'une quarantaine d'années à l'air décontracté. Tous deux sont sismologues et physiciens.
- Merci de nous avoir reçus si rapidement ! fait Eric.
- Il n'y a vraiment pas de quoi, nous trouvons toujours le temps pour des personnes comme vous qui s'intéressent aux phénomènes sismiques ! répond Philippe
- Je comprends bien, mais c'est sympathique !
- Merci, si vous êtes prêts nous commençons sans autre préambule. Vous savez comme moi que depuis que le monde est monde, la Terre tremble. Les êtres humains subissent régulièrement ses colères sous forme de secousses imprévisibles en lieu et en date, semant la mort et la terreur. La soudaineté et la brutalité des séismes, qui durent de quelques secondes à quelques minutes, surprennent toujours. Ils sont parmi les phénomènes naturels les plus terrifiants. Après la ou les secousses, l'être humain, résigné, compte les morts - dont le nombre peut atteindre des records dans les zones à concentration croissante de population - et fait le bilan des dégâts matériels. J'ajoute que cette catastrophe ne doit pas être traitée avec fatalisme et superstition. Il est communément admis par le monde scientifique que la fatalité et l'empreinte de Dieu d'ailleurs n'ont rien à voir là-dedans.
- En fait, depuis que la planète Terre existe, elle est secouée en permanence par des séismes, et les hommes et les femmes ont cherché un sens aux catastrophes qui en résultent ! renchérit Jérôme.
- Vous avez raison, mais il vaut mieux que nos responsables tirent des conséquences de ces évènements dramatiques pour minimiser les effets des futures catastrophes.

- Les tremblements de terre sont-ils inévitables ? intervient Eric.
- Oui, parce que cela est nécessaire à l'équilibre de la configuration géophysique de notre globe dont la croûte est en perpétuel mouvement. Physiquement il est constitué d'une succession de couches concentriques aux propriétés différentes. Au centre, le noyau représente 10% du volume total. Il est entouré par le manteau (81%) constitué de roche partiellement en fusion, lui-même entouré par la croûte (environ 2%). Dans les années soixante, les géologues commencèrent à comprendre que la croûte terrestre est morcelée en une dizaine de fragments géants, avec d'autres plus petits, dénommés plaques tectoniques (structurelles). En schématisant grossièrement on pourrait représenter la croûte terrestre par une orange dont l'écorce serait fractionnée en parties inégales. Les séismes se produisent aux zones de contact entre ces plaques. Ce modèle des plaques tectoniques, dont vous avez certainement entendu parler, a révolutionné la géologie en fournissant un concept unique et unificateur qui explique les processus sismiques et leurs caractéristiques !

Eric demande :
- C'est bien aux points de friction entre les deux plaques que les tensions ou contraintes s'accumulent et c'est là qu'elles sont susceptibles de se relâcher et de provoquer le séisme ?
- En effet, je vois que vous avez déjà des connaissances et je vais essayer de les compléter. Spécifiquement, au cours des années, les plaques se déforment lentement les unes par rapport aux autres. Les zones de contact ou de friction inter plaques sont appelées failles, ce sont des zones de faiblesse qui sont instables et représentent de loin les sites les plus favorables au déclenchement des séismes, ils y naissent de manière imprévisible.
- Quand vous dites lentement que voulez-vous dire ? demande Jérôme.
- Ça veut dire à l'échelle des temps géologiques, soit quelques millimètres ou centimètres sur plusieurs dizaines ou centaines d'années !

- Ce qui explique la perte de mémoire des anciennes catastrophes sismiques par le grand public ?
- Tout à fait. Maintenant, imaginons que pour simplifier les choses on assimile deux plaques à deux blocs identiques à faces rectangulaires. Au départ ces blocs sont en contact avec friction sur une de leurs faces étroites, qui représente la tranche. Sous l'action des contraintes, ces deux blocs en contact ont tendance à se déplacer dans des directions opposées mais, du fait de la friction statique entre leurs tranches, ils se déforment. Leurs faces supérieures et inférieures, rectangulaires au départ, se déforment très lentement pour prendre des formes de parallélogrammes.
- Dans la réalité a-t-on une idée de ces évolutions ?
- Oui, les techniques de mesures utilisant les satellites, comme le GPS et l'interférométrie, fournissent maintenant des résultats pertinents relatifs aux mouvements de la croûte terrestre et à l'accumulation des contraintes. Par contre on ne peut pas prévoir le moment crucial. Quand les forces de contrainte deviennent supérieures aux forces de friction statiques les plaques ripent l'une sur l'autre dans deux directions opposées sur une certaine longueur, c'est la rupture et le séisme.
- Si je peux me permettre, fait Jérôme : on retrouve cette diminution brutale de friction dans le phénomène physique « d'aquaplaning » qui fait que pour une vitesse suffisante le coefficient de friction ou d'adhérence devient très faible et les pneus d'une voiture perdent subitement le contact avec la surface de la route mouillée, alors le véhicule dérape et devient incontrôlable !
- Tout à fait, c'est une bonne remarque. Cette rupture soudaine s'accompagne d'une libération brutale de l'énergie élastique stockée au cours du processus de déformation - on peut se représenter simplement cette énergie comme celle que l'on accumule dans un ressort à boudin en le comprimant ou l'étirant puis en le relâchant - . Sur certaines failles le mouvement peut être plus ou moins continu, de telle manière que l'énergie sismique est libérée progressivement par

« petites bouffées » conduisant à un séisme mineur ou pas de séisme du tout. Par contre quand une importante rupture globale se produit brutalement une gigantesque quantité d'énergie peut être libérée et le séisme est important !

- Et si le mouvement est continu, sans blocage ? questionne Eric.

- Dans ces conditions il n'y a pas de déformation élastique et donc pas d'accumulation d'énergie. Par contre quand cette énergie élastique, accumulée lentement sur un temps géologique, se libère très rapidement, elle est accompagnée par la génération de vibrations qui se propagent à l'intérieur et la surface du globe. Sur leur passage ces ondes de choc élastiques - elles voyagent à des vitesses variant de 2km/s à 14km/s - génèrent sur leur passage des secousses sismiques dont l'amplitude va en décroissant avec la distance au foyer. À la verticale de ce dernier sur la surface de la terre on définit l'épicentre.

- Je ne comprends pas vraiment comment des ondes sont générées ?

- Effectivement, ce n'est pas évident a priori. Gaëlle va répondre à votre question en utilisant un dispositif mécanique élémentaire !

Dans le même temps la jeune femme dépose un appareil sur la table et commence son explication :

- Pour expliquer le processus de friction et ses conséquences, supposons que nous réduisions le système à deux blocs décrit précédemment à un modèle rudimentaire composé d'un patin, à faces rectangulaires, reposant sur une planche comme vous le voyez ici. Ici, la planche immobile représente un des blocs et le patin mobile l'autre bloc. Maintenant, j'attache au patin mobile un ressort à boudin et je tire sur ce dernier en exerçant une force parallèle à la planche. Au début de la traction, le ressort s'étire mais le patin ne bouge pas du fait de la friction statique entre planche et patin. Si je continue de tirer, le ressort s'allonge toujours, il continue de stocker de l'énergie élastique. Puis à un moment donné le patin décroche et se met brusquement à glisser sur la planche tandis que le ressort reprend sa forme initiale en se contractant. Dans le même temps, la planche et le ressort vibrent sous l'action du frottement du patin. Que s'est-il passé ? Eh bien, l'énergie élastique stockée dans le ressort au cours de la traction s'est libérée sous forme du glissement du patin et de la propagation de vibrations, c'est-à-dire d'ondes élastiques dans le ressort et la planche !

- Surprenant et instructif ce gadget ! font simultanément Eric et Jérôme.

- Oui, et je dois ajouter que les ondes sismiques contiennent des informations sur les mouvements qui se produisent au foyer du séisme, elles sont observables au niveau des stations sismiques réparties à la surface du globe. La structure complexe de la Terre, entre le foyer et les récepteurs, complique l'extraction de l'information à partir du signal. Néanmoins les chercheurs ont appris beaucoup de choses à partir des enregistrements sismiques appelés sismogrammes, ils peuvent déterminer en détail l'histoire de la rupture correspondant à de nombreux séismes.

- En quelque sorte on peut dire qu'un sismogramme est la signature d'un séisme ! fait Jérôme.

- Exactement, comme les sismologues ne peuvent pas observer directement une rupture à l'intérieur du globe, ils utilisent les sismogrammes d'où il est possible d'extraire pas mal d'informations ! répond Philippe.

- D'autre part, ajoute la jeune scientifique, les chercheurs ont développé des méthodes variées pour mesurer et quantifier l'amplitude des séismes, la plus connue est l'échelle de Richter développée en 1935 par le sismologue Charles Richter. La magnitude Richter, représentée par la lettre M, est basée sur l'amplitude maximum des vibrations sismiques mesurées par un sismographe et la distance de cet instrument à l'épicentre du séisme.

- En réalité c'est une échelle trompeuse pour le grand public qui pense qu'elle est linéaire ou proportionnelle, comme par exemple celle d'un thermomètre ! fait Jérôme.

- En effet, répond Gaëlle, l'échelle de Richter est une échelle logarithmique à base dix, ce qui signifie que chaque accroissement d'une unité de magnitude ne correspond pas à une augmentation de un mais à une augmentation de dix dans l'amplitude du séisme. Par exemple un séisme de magnitude M=6 est dix fois plus fort qu'un séisme de magnitude M=5. En termes de libération d'énergie, les calculs montrent qu'un séisme de magnitude six libère environ trente fois plus d'énergie qu'un séisme de magnitude cinq. J'ajouterai que la plupart des tremblements de terre ont lieu jusqu'à des profondeurs de 50km, mais dans certaines régions du globe ils ont été détectés jusqu'à 700km de profondeur !

- Pour la compréhension du phénomène, intervient Philippe, nous vous avons présenté une caricature de faille, mais les séismes se produisent suivant trois mécanismes principaux. Quand une plaque plonge sous une autre, c'est le mécanisme dit de subduction. Quand deux plaques glissent l'une contre l'autre au niveau de la faille le long de laquelle s'effectue ce mouvement, c'est le mécanisme que nous avons discuté ou mécanisme de coulissage. Quand elles se rencontrent, l'une d'elles peut se plisser sous l'effet du choc titanesque et produire des massifs montagneux, via ce mécanisme de collision. Dans ces trois dynamiques, les roches superficielles accumulent d'importantes contraintes - sous la forme d'une énorme quantité d'énergie élastique - qui conduisent à la rupture et donc au tremblement de terre. Par exemple la dynamique de subduction se traduit par des séismes et des volcans dans les zones les plus instables et les plus dangereuses situées aux frontières entre les plaques, que sont les failles.

- Je suppose que ces dernières sont connues ? demande Eric.

- Parfaitement, elles se trouvent autour de l'océan Pacifique, au voisinage des Antilles, en Indonésie et en Italie. Le mécanisme de subduction est à l'origine des séismes historiques les plus puissants (M>8,5) de ces cent dernières années. Par ordre croissant de pouvoir de destruction on note : au Chili en 1960, en Alaska en 1964, à Sumatra en 2004, à Kamtchatka en Sibérie en 1952, en Equateur en 1906, à

Sumatra en 2005, dans les îles de l'Alaska en 1995 et 1957, au Tibet en 1950, aux îles Kouriles en 1963, en Mer de Banda en 1938 et au Chili en 1922.

Les séismes ne sont pas des phénomènes exceptionnels, ils secouent le globe en permanence mais certains passent inaperçus par les populations, soit parce qu'ils sont trop faibles soit parce qu'ils surviennent dans des zones désertiques ou inhabitées.

- Le nombre annuel de tremblements de terre d'après ce dont je me souviens est important !

- C'est vrai, chaque année les observations et estimations montrent qu'il se produit plusieurs millions de tremblements de terre dans le monde. Par exemple il y a 1.300.000 tremblements de terre dont la magnitude est : $2<M<2,9$: un niveau correspondant à des secousses faibles quasiment pas ressenties mais enregistrées par les sismographes. D'autre part il survient 130.000 séismes tels que $3 < M < 4$, 17 tels que $7 < M < 8$ et un ou deux tels que $M > 8$. Ces résultats montrent que les séismes de magnitude importante sont des évènements relativement rares, fort heureusement. Avec une très bonne approximation, ces chiffres montrent que la probabilité d'avoir un séisme décroît exponentiellement avec l'importance de la magnitude. Cette décroissance exponentielle est appelée loi de Gutenberg-Richter en référence à ces deux sismologues qui l'ont établie en 1936. Plusieurs modèles mathématiques reproduisant cette relation ont été proposés. Néanmoins, il y a des écarts à cette loi : des failles anciennes bien connues ont été le siège de nombreux séismes avec des magnitudes importantes. C'est le cas bien connu de celle de San Andreas, qui laisse planer une menace permanente sur la Californie. Cette faille correspond au frottement de la plaque du Pacifique avec celle d'Amérique du Nord. Sur cette faille les sismologues ont estimé qu'il y a eu beaucoup plus de séismes de magnitude voisine de huit qu'on ne pouvait le prédire avec la loi de Gutenberg-Richter et en fait moins de séismes avec des magnitudes comprises entre six et sept. Cet écart à la loi suggère un comportement complexe des évènements sismiques. Dans ces conditions les modèles mathématiques doivent en rendre compte !

A l'issue de ces explications Eric intervient :
- Comme je vous en ai déjà informé, je m'intéresse principalement aux ondes en tous genres et à leurs propriétés. Ici, d'après ce que j'ai compris, c'est l'énergie transportée par les ondes sismiques qui est responsable des secousses que l'on ressent et qui, dans les zones habitées, peut provoquer des dévastations jusqu'à une certaine distance de la source du séisme. Pourriez-vous nous dire quelques mots sur la nature de ces ondes ?
- Bien sûr, j'allais y arriver. Comme je vous l'ai dit ces ondes élastiques sont enregistrées par des sismographes, disposés en un grand nombre d'endroits sur notre globe. On les classe en deux grands types : les ondes de volume qui voyagent à l'intérieur de la Terre et les ondes de surface qui se propagent uniquement en surface.

Les ondes de volume sont de deux types : les ondes Primaires ou P et les ondes Secondaires ou S. Les ondes P sont des ondes dites longitudinales, car le mouvement alternatif de compression/dilatation du sol qu'elles induisent au passage est parallèle à leur direction de propagation. Dans les matériaux denses et rigides comme le granite, elles se propagent à des vitesses d'environ 5km/s, par contre dans l'eau c'est 1,5 km/s.

Les ondes S sont dites transversales car les vibrations du sol sont perpendiculaires à leur direction de propagation. Dans le granite leur vitesse avoisine les 3km/s !
- Et leur amplitude ? demande Jérôme.
- Elle est plusieurs fois celle des ondes P !
- Donc elles occasionnent plus de dégâts ! remarque Eric.
- En effet elles peuvent générer pas mal de dévastations, et encore plus dans le cas des ondes de surface. D'amplitude généralement plus importante et de vitesse plus faible que les ondes de volume, elles voyagent juste sous la surface de la Terre.

- Peut-on les comparer aux ondes à la surface de l'eau ?
- Parfaitement, sous plusieurs aspects elles ont des comportements analogues sauf qu'au lieu de voyager dans un milieu fluide elles voyagent dans un milieu matériel dense et élastique.
- Vu leur potentiel dévastateur il y a intérêt à savoir prédire le lieu et l'instant des séismes importants !
- En réalité bien qu'on connaisse pas mal de choses à propos des endroits où un séisme est susceptible de se produire, on n'a aucun moyen fiable pour anticiper avec une bonne probabilité le jour ou même le mois exact où il se produira en un lieu donné.
- Ce n'est pas évident ! fait Eric.
- Exact, enchaîne Gaëlle, le processus peut se faire en deux temps. Quand suffisamment d'énergie s'accumule par déformation au niveau d'une faille par exemple, cette dernière devient de plus en plus instable et un petit séisme mineur peut, ou ne peut pas, entraîner à n'importe quel moment une rupture et déclencher un tremblement de terre majeur. Bien que, dans certains cas, il soit éventuellement possible de diagnostiquer l'état de déformation des failles, la prédiction exacte des séismes importants est impossible. Néanmoins les dangers potentiels possibles - que l'on connaît bien - d'un séisme futur peuvent être réduits en identifiant et en améliorant les structures les plus vulnérables.
- Vous avez centré votre discours sur les mouvements tectoniques mais il y a d'autres causes de tremblements de terre, fait Jérôme.
- Oui, les séismes tectoniques sont de loin les plus fréquents et les plus dévastateurs. A côté, il existe des séismes d'origine volcanique sur lesquels je n'insisterai pas. Par contre, des situations d'origine artificielle, telles que des activités humaines comme les barrages, les pompages et explosions souterrains, les extractions minières ou les essais nucléaires peuvent déclencher des séismes de petite ou moyenne magnitude !
- Vos explications sont passionnantes, nous ne voyons pas passer les heures et nous ne voulons pas abuser de votre temps. fait Eric.

- Ne vous inquiétez pas ! répond Philippe, d'ailleurs la journée vous est consacrée et comme il fait bon je vous propose que nous allions déjeuner ensemble à l'extérieur !

Les quatre interlocuteurs se retrouvent à la terrasse d'un petit bistrot où ils devisent tranquillement tout en se restaurant.

- Avez-vous déjà assisté à un tremblement de terre ? demande Jérôme.

- Moi non, mais Gaëlle, ici présente, a eu la chance ou l'infortune d'expérimenter un tel événement ! fait Philippe en jetant un regard interrogateur à sa collègue.

- En réalité, répond Gaëlle, ça peut être à la fois effrayant et intéressant. Effrayant par la puissance gigantesque mise en jeu et le fait qu'un séisme arrive sans prévenir dans beaucoup d'endroits de la planète, et aussi parce que ça peut supprimer de nombreuses vies, blesser et tout dévaster : maisons, bâtiments, entreprises... et laisser des milliers de gens à la rue, tout cela en quelques secondes. Intéressant par le gigantisme du phénomène naturel et la question éternelle : où, quand et comment, sans réponse jusqu'à maintenant.

- Tout ceci incite au respect et à l'humilité ! fait Eric.

- Oui, il faut l'avoir vécu, répond Gaëlle en poursuivant son récit. Donc, en mai 2006 après avoir séjourné quelque temps dans l'île indonésienne de Sumatra pour étudier certains impacts et conséquences du terrible tsunami de décembre 2004, je me suis rendue à Yogyakarta, ville universitaire située dans l'île indonésienne de Java. Le troisième jour, à l'aube, dans ma chambre d'hôtel j'ai été réveillée par une rumeur indéfinissable suivie d'un grondement sourd. Dans mon demi-sommeil, j'avais l'impression que l'on me secouait pour me sortir de mon lit qui semblait ballotté comme une embarcation en pleine tempête.

- Et alors ? firent simultanément Jérôme et Eric, captivés par ce début de récit.

- Un tremblement de terre... c'est pas possible ? me suis-je dit en essayant vainement de descendre de mon lit. Incapable de me dresser sur mes jambes, à la merci de ces secousses, tétanisée devant cette violente manifestation de la nature, je me sentais minuscule, humble et extrêmement vulnérable. Des objets de toutes sortes dégringolaient avec fracas tout autour de moi, c'était l'enfer. Je passai des secondes interminables, sans pouvoir m'extirper d'un lit en mouvement horizontal et vertical aléatoire.

J'ai songé : je suis fichue, c'est bientôt la fin. Néanmoins, j'ai fait un gros effort pour vaincre la panique qui, sournoisement, commençait à me paralyser.

Tant bien que mal je me suis laissée glisser sur le sol et, comme une bête malade, moitié à quatre pattes, moitié en rampant, j'ai fini par atteindre la salle de bains où, allongée j'ai réussi à enfiler, via quelques contorsions, ce qui me tombait sous la main : un jean et une veste. Puis, profitant d'une légère accalmie, j'ai réussi à ouvrir la porte donnant sur le palier. Là, plusieurs personnes accroupies, toussant et crachant de la poussière, attendaient l'ascenseur, l'air hagard. D'après ce que je savais, il ne fallait pas rester là, alors je hurlai et par gestes leur fit comprendre de se ruer dans l'escalier - nous n'étions qu'au premier étage - ce que tout le monde fit. Heureusement, car de nouvelles secousses ébranlèrent l'hôtel et l'ascenseur se bloqua peu de temps après. Un grand nombre de personnes dont je faisais partie, qui en pyjama, qui en slip, qui en tenue vestimentaire hétéroclite récupérée au hasard, s'était réfugié au milieu de la rue. Une nouvelle secousse accompagnée de craquements ébranla le quartier, générant une vague d'angoisse parmi nous. Un petit bâtiment de quatre étages pencha d'un côté puis de l'autre, oscilla plusieurs fois, hésita, puis s'écroula dans un craquement sinistre accompagné d'un énorme nuage de poussière. Dans le silence qui suivit, incrédules et hébétés nous fixions le monticule de décombres qui, quelques secondes auparavant était un immeuble. Quelques minutes plus tard les premiers cris et gémissements se firent entendre. Dans la poussière qui se dissipait lentement nous commencions à discerner les premiers survivants qui, tels des spectres, émergeaient des décombres en titubant.

Malgré l'état de choc de chacun de nous, dans un élan de solidarité spontané, pieds nus pour la plupart, nous nous sommes dirigés vers le tas d'éboulis pour aider les rescapés. Nous ne connaissions pas encore les dimensions de la tragédie mais sans nous consulter nous nous organisions pour apporter rapidement de l'aide et répondre à l'urgence. Des chaînes humanitaires se formaient spontanément, j'ai profité d'un instant de répit pour remonter dans ma chambre chausser une paire de sandales.

- Aviez-vous conscience de l'ampleur de la catastrophe ? fit Eric.

- Comme les autres clients de l'hôtel, qui n'avait subi que des dégâts mineurs, je n'en avais aucune idée. Au début, d'après les informations que distillait une radio portable, le nombre de morts était estimé à quelques dizaines, ce qui pour nous était déjà énorme. C'est seulement beaucoup plus tard que nous avons appris avec effroi que le séisme était de magnitude 6,3 et avait fait presque 6000 morts et 36000 blessés.

Photos à l'appui, j'ai consigné mes observations et mes commentaires sur ce séisme dans ce document dont je vous ai préparé une copie, fait-elle en le posant sur la table.

- Merci beaucoup, c'est fort aimable à vous ! répond Eric en se penchant pour saisir le document. Il n'en a pas le temps, un type assis à une table voisine se lève subitement, subtilise le document et s'enfuit en courant.

- Ça alors ! balbutie Eric, cloué sur place par la surprise. Reprenant ses esprits, il bondit suivi par Jérôme et se rue à la poursuite de l'importun en zigzaguant parmi les passants.

C'est une telle cavalcade que les badauds se retournent au passage des poursuivants. Plus jeune et sportif, Jérôme a doublé Eric et se rapproche rapidement du type. Se sentant perdre du terrain l'homme, de morphologie plutôt maigrichonne, s'engouffre dans l'entrée ouverte d'un immeuble. Sur ses talons Jérôme apparaît quelques secondes plus tard : deux escaliers desservent le bâtiment.

- Mince, quel escalier ? songe-t-il tandis qu' Eric se profile dans l'entrée.

- On branche nos portables et on prend chacun un escalier ! halète Jérôme.

Eric gravit les degrés à grandes enjambées et finit par arriver devant une porte entrouverte qui dessert une terrasse. Sur ses gardes, il pousse la porte et avance à pas mesurés. Alerté par un léger bruit, il tourne la tête et ne peut éviter la bouffée du gaz d'une bombe auto défensive qui lui fait perdre temporairement la notion des choses. Sans se démonter, le type qui l'a paralysé lui fait les poches et reprend tranquillement l'escalier. Mal lui en prend car, alors qu'il passe au niveau du premier étage, il prend un coup du tranchant de la main derrière l'occiput et s'effondre. En réalité, depuis l'autre terrasse Jérôme a suivi toute l'action, il a donc dévalé en trombe les degrés pour remonter et se planquer dans un coin sombre de l'autre cage d'escalier et attendre l'agresseur d'Eric.

- Salopard, un prêté pour un rendu : tu méritais bien ça ! dit tout haut notre ami avec un léger sourire. À son tour il fait rapidement les poches du type, qui est partiellement dans le cirage, et récupère les papiers d'Eric. Puis il jette un coup d'œil aux pièces d'identité du type, les photographie avec son portable et récupère le document volé à Gaëlle. Ne perdant pas de temps, il remonte l'autre escalier à la recherche d'Eric et se heurte à ce dernier un peu groggy qui redescend en titubant légèrement. Il explique à Jérôme qu'il n'a pas perdu connaissance et que ça ira.

- Tu en es sûr ?

- T'inquiète pas !

- Prends ton temps ! fait Jérôme en racontant comment il a opéré.

Eric réalise subitement le déroulement des opérations et demande :

- Mais, tu l'as tout bonnement assommé, comme ça tranquillement ?

- Disons que je l'ai un peu estourbi, je n'ai aucun mérite : dans ma jeunesse j'ai pratiqué les sports de combat !

- Ça alors, chapeau, moi qui te prenais pour un scientifique bien paisible !

- L'un n'empêche pas l'autre !
- C'est effectivement un point de vue !

De retour au labo où ils sont attendus avec inquiétude par Philippe et Gaëlle, nos deux acolytes content leur course poursuite et ses péripéties. L'examen de l'identité de l'individu leur apprend que le type est polonais.

- Que voulait-il ? dit Philippe.

- Je n'en ai aucune idée mais je dois avouer que depuis que j'ai commencé mon enquête sur les ondes ça fait trois fois que j'ai des problèmes de ce genre ! répond Eric et il raconte comment pendant son sommeil un individu s'est introduit dans sa chambre d'hôtel en Angleterre, que d'autre part pendant son absence on s'est introduit dans sa maison à Beaune et comment une vague dans un torrent du Briançonnais aurait pu le rayer du monde des vivants.

Philippe et Gaëlle n'en reviennent pas.

- Il y a donc une relation entre ces agressions et les ondes ? demande Gaëlle.

- Il n'y a pas de doute mais le pourquoi reste à élucider. Pour l'instant oublions cet intermède un peu mouvementé ! dit Eric.

- Vous avez raison, comme nous l'avions prévu, il nous faut parler à nouveau de science et en particulier d'une conséquence des séismes que sont les tsunamis. Je laisse donc la parole à Gaëlle : non seulement elle travaille sur ce type de phénomène mais elle a pu voir en Asie les résultats de cette onde dévastatrice !

- Merci Philippe, je vais essayer de vous présenter ce phénomène le plus simplement possible, fait la jeune sismologue et elle commence ses explications. Les secousses sismiques sont familières à de nombreuses personnes, en particulier à celles vivant dans des zones sismiques, mais en réalité peu de personnes ont eu l'occasion de voir un tsunami, même peu important. Néanmoins un tsunami est une onde spéciale. Au départ, près de sa source, le tsunami ne se présente pas sous la forme d'un mur d'eau gigantesque de plusieurs mètres de haut comme une vague de houle déferlante créée par le vent qui peut avoir une longueur d'onde (distance entre deux crêtes) de 100m à 200m, et une période (temps entre le passage de deux ondes, c'est-à-dire deux crêtes successives) de 5 à 20s qui va se propager sur l'océan. Le tsunami est une onde, ou plutôt une série d'ondes de surface, induite par un mouvement vertical du fond marin. A partir de maintenant tout ce que je vais dire pour une onde est valable pour plusieurs.

L'onde tsunami est persistante et très longue : environ cent kilomètres ou plus, et de faible hauteur : de 50cm à 1m, contrairement à la vague de houle elle est pratiquement invisible au large depuis un bateau. Elle va voyager « sournoisement » loin de sa source, c'est-à-dire l'endroit où le tremblement de terre sous-marin a eu lieu, pour diminuer de vitesse et augmenter d'amplitude à l'approche du littoral et venir déferler sur les côtes et les inonder.

- Vous dites tremblement de terre, mais il peut y avoir d'autres causes de tsunami ? demande Jérôme.

- Bien sûr, je parle ici de séisme tectonique, mais il peut y avoir d'autres phénomènes susceptibles de mettre en mouvement une importante masse d'eau. Ce sont de manière moins fréquente les glissements de terrain sous-marins - qui sont souvent dus à un séisme - , ce sont les violentes éruptions volcaniques sous-marines et les explosions atomiques au fond de la mer, mais aussi les perturbations venant de l'espace comme les impacts de météorites, astéroïdes ou comètes. Généralement tous ces tsunamis d'origines non sismiques se dissipent rapidement et affectent rarement les côtes se trouvant loin de l'endroit où ils ont été générés !

- Quelque chose me gêne : vous parlez d'onde de surface issue du mouvement du fond ?

- Oui, si le fond se soulève localement, via un mouvement vertical, un énorme volume d'eau est déplacé de sa position d'équilibre en direction de la surface, il en résulte une déformation de la surface de l'océan.

- Désolé, mais ce n'est pas encore très clair dans mon esprit !

- Eh bien, imaginez simplement que vous êtes assis dans la partie peu profonde d'une piscine avec de l'eau jusqu'aux aisselles et que vous remuez ou battez des jambes, vous déplacez un certain volume d'eau et créez des vagues en surface.
- Je vois, dans ces conditions le mouvement des jambes simule le séisme sous-marin ?
- Grossièrement, mais c'est une représentation utile !
- Quel genre de séisme tectonique génère des tsunamis importants ?
- Le mécanisme de subduction dont je vous ai parlé ce matin se produit quand deux plaques se chevauchent et induisent subitement un mouvement du fond marin dont la composante verticale est importante.
- On imagine difficilement l'immensité du volume d'eau déplacé !
- La génération du tsunami représente la première phase du phénomène que l'on peut diviser arbitrairement en trois phases qui sont complexes. Une fois formé, le tsunami représente une énergie gigantesque. Sa période temporelle peut varier de 10 minutes à 2 heures et sa longueur d'onde peut varier de 100km à 500km. Celle-ci est bien supérieure à la profondeur de l'océan qui est de l'ordre de 4 à 5km en moyenne mais peut atteindre 10km. Comme le rapport entre la profondeur et la longueur de l'onde est très petit, on dit que le tsunami est une vague, ou une série de vagues, c'est-à-dire un train d'ondes, en eau peu profonde.
- Et ce train d'ondes va voyager sur l'océan ! souligne Eric.
- Tout à fait, on en arrive à la deuxième phase qui est celle de la propagation. Depuis la source, l'énergie du tsunami voyage, sous la forme d'une série de vagues en anneaux concentriques, dans toutes les directions jusque vers les côtes. Je ne vous importune pas avec des équations et en fait vous pouvez ignorer - ça ne nuira pas à la compréhension de phénomènes - la petite diversion semi calculatoire que, maintenant, je vous présente rapidement.

D'après une relation de la mécanique des fluides la vitesse V d'une onde en eau peu profonde est égale à la racine carrée du produit de l'accélération de la pesanteur : g = 10 m/sec/sec, multipliée par h la profondeur naturelle de l'océan, sans vague à sa surface, exprimée en mètres, fait Gaëlle en écrivant au tableau.

- En prenant par exemple h = 4km en pleine mer, on obtient V = 200 m/sec soit V= 720km/heure ! dit Jérôme en lisant sa calculette.

- C'est exact, on approche la vitesse d'un avion de ligne que l'on obtiendrait pour des valeurs supérieures de h. C'est donc une onde très robuste aux effets de surface imperceptibles qui se déplace à la vitesse de 500 à 1000km à l'heure, elle peut se propager d'un côté à l'autre de l'Océan Pacifique en moins d'un jour.

- Toujours avec la relation précédente vous pouvez calculer la vitesse de la vague ! fait Eric.

- En effet, considérons tout d'abord une vague quelconque. Si A est son amplitude par rapport à la surface, (h + A) est la hauteur de sa crête par rapport au fond. Ici h représente la profondeur ou la hauteur du pied de la vague. Toujours avec la même relation, on peut montrer que la vitesse V de la crête est supérieure à v celle du front. En se propageant au large, où la profondeur est constante, la vague va devenir dissymétrique avec un front raide et une crête plus aiguë, puis déferler d'autant plus que son amplitude sera grande.

On observe couramment ce phénomène pour les vagues de houle, mais pas pour le tsunami dont l'amplitude A, comme nous l'avons vu, est de l'ordre du mètre. Elle est donc négligeable devant une profondeur h de plusieurs milliers de mètres !

- On a du mal à croire que cette formule aussi anodine que vous venez d'utiliser plusieurs fois permette d'obtenir autant de résultats ! fait Eric.

- Il n'y a rien de sorcier, c'est de la physique !

- Evidemment, mais je trouve ça beau !

- Oui, ça donne à réfléchir. Considérons maintenant la troisième phase où le tsunami se propage avec un profil presque symétrique, en forme de cloche, caractérisé par la surface S que l'on voit quand on représente l'onde en coupe sur un plan. Il approche la zone côtière où la profondeur h diminue. Dans ce cas, d'après la relation précédente, si h diminue, la vitesse V du front décroît : le tsunami ralentit. D'autre part comme le rapport A/h augmente, la vitesse v de la crête devient bien supérieure à V celle de son front qui se réduit de plus en plus. Il en résulte une dissymétrie croissante du profil initial du tsunami. Ceci va se traduire par une augmentation de sa hauteur H=2A et une décroissance de sa longueur L. Le front de la vague, imperceptible au large, se transforme en un mur d'eau impressionnant de dix à vingt mètres de haut près du rivage.

L'énergie totale E transportée est colossale, et comme le tsunami en perd en raison inverse de sa longueur d'onde L, qui est grande, il en perd peu au cours de sa propagation. E est donc quasiment constante et S, qui lui est proportionnelle, l'est aussi. Mathématiquement l'énergie E de la vague est proportionnelle à L et son amplitude A. En conséquence si E reste constante et si L décroît, A doit augmenter : résultat que j'ai énoncé précédemment. La troisième phase évolue vers le déferlement du tsunami et l'inondation de la côte. La masse d'eau mise en mouvement - la vague ne fait qu'un mètre de haut, mais, comme sa longueur fait cent kilomètres ou plus, elle est gigantesque - continue sur sa lancée et dévaste la côte.

- Ainsi l'état final correspond à un transport de matière et induit des catastrophes en série ? demande Eric.

- Parfaitement, contrairement à ce que l'on raconte dans certains ouvrages, une onde peut dans certains cas limites transporter de la matière !

- En fait la matière c'est de l'énergie ! remarque Jérôme.

- Exactement, et je peux vous assurer que quand, sur place, on constate les dégâts occasionnés, on ne se pose même plus la question !

- Ainsi, vous êtes allée à Sumatra ?

- En effet, je me faisais une certaine idée des tsunamis mais j'étais fort loin de m'imaginer l'horreur et les catastrophes que ce type d'onde pouvait provoquer. Le tsunami qui a ravagé cette région a été engendré par un séisme de magnitude 9,3. Il se classe au cinquième rang des séismes les plus puissants enregistrés depuis 1900, après ceux du Chili, de Prince William Sound en Alaska, des Iles Andreanov en Alaska et de Kamtchaka en Russie. Ce tremblement de terre est survenu le dimanche 26 décembre 2004 à 7h58 heure locale, au sud-ouest de Sumatra. Il a engendré un tsunami constitué d'une succession de plusieurs vagues qui s'est propagé sur l'Océan indien et a touché les côtes de plusieurs pays sur le pourtour du golfe du Bengale : la Thaïlande, le Sri- lanka, l'Inde, la Malaisie, les Maldives, le Bangladesh, Singapour, la Somalie, la Réunion et l'Ile Maurice. Dans ces régions il a tué près de 300.000 personnes, ravagé les côtes et répandu la terreur. L'eau a déferlé sur les terres pendant d'interminables minutes et s'est retirée après un temps plus long encore !

- Existe-t-il un rapport avec le soliton ? demande Eric.

- Avec la robustesse et la grande durée de vie, on retrouve des propriétés inhérentes au concept du soliton qui peuvent s'avérer utiles pour l'étude des tsunamis, fait Gaëlle, puis elle ajoute : à propos de solitons votre ami de Dijon, le professeur Solitonus m'a montré un petit modèle mécanique très facile et très rapide à réaliser, fait-elle en sortant quelque chose de sa poche de blouse.

Vous prenez un ruban élastique de 0,2cm d'épaisseur, 1cm de largeur et 70 cm de longueur environ. Sur une longueur de 60 cm, vous fixez côte à côte des pinces à linges, de manière à obtenir une chaîne de pinces où chacune d'entre elles est couplée élastiquement à ses deux plus proches voisines et peut tourner autour de l'axe du ruban quand il est tendu devant vous entre vos deux mains. Au repos, du fait de la gravité, toutes les pinces pointent suivant la verticale. Si vous donnez une pichenette à la pince la plus proche de votre main de droite (ou gauche), une onde mécanique d'une quinzaine de degrés d'amplitude angulaire (par rapport à la verticale) se propage collectivement vers la gauche et disparaît. En d'autre termes elle se disperse rapidement après une faible réflexion du fait de la gravité car chaque pince tend à revenir à la verticale. Par contre, si initialement vous faites faire un tour complet à la pince de départ, la pince suivante effectue le même mouvement de rotation et ainsi de suite. Une belle onde de rotation collective de 360 degrés d'amplitude angulaire se propage à forme et à vitesse constantes puis se réfléchit.

Dans ce cas, l'effet d'étalement dû à la gravité est compensé par le mouvement angulaire de grande amplitude c'est-à-dire non linéaire. On observe alors un soliton mécanique.

- Magnifique, font simultanément Eric et Jérôme d'un air enthousiaste, tout en empruntant à Gaëlle le petit gadget mécanique et en commençant de jouer avec les solitons.

4. Les ravages du tsunami

Le rédacteur en chef du journal se penche par-dessus son bureau et prend un ton confidentiel pour dire à Eric :
- Figure-toi que depuis quelque temps je reçois de manière répétitive un étrange message e-mail, avec un seul mot : RAGATARITION.
- Je reçois exactement le même et de la même façon. C'est soit un canular, soit un mot crypté, mais je pencherais plutôt pour le deuxième cas de figure, avec à la clé ces guignols qui me font des ennuis !
- Je suis bien d'accord et c'est pourquoi j'ai tout de suite pensé à toi.
- Effectivement, tu as du flair car ça semble de la même mouture que les agissements de l'individu dont je t'ai parlé !
- Tu penses ?
- Oui, en fait depuis hier il y a du nouveau, répond Eric et il raconte la poursuite rocambolesque dans les rues de Paris. Son patron l'écoute sans l'interrompre une seule fois, à la fin seulement il dit :
- Tu sais Jérôme, ton jeune acolyte a fait preuve d'une vivacité physique et d'une présence d'esprit remarquables !
- Oui. Il a même pensé à photographier la carte d'identité de l'intrus tandis qu'il était dans le cirage. Tiens regarde! fait Eric en posant une photo sur le bureau.
- Un Polonais ?
- Oui, si les papiers ne sont pas faux, mais sa tête ronde ne ressemble pas à celle du maigrichon qui m'a espionné au début !
- Ils seraient au moins deux ?
- Ils sont probablement beaucoup plus !
- Nous possédons maintenant des informations sur lui sans qu'il le sache, c'est un avantage !
- A condition que les papiers ne soient pas des faux.
- Bien sûr mais au moins nous avons sa photo.

- Pour en revenir à Jérôme, en plus de ses capacités physiques c'est aussi une recrue de choix au niveau de la connaissance des ondes. Il sait manipuler les équations d'ondes et les modèles numériques sur ordinateur !
- Ça va t'aider ?
- Il va éclairer ma lanterne sur beaucoup de points mais je ne sais pas encore dans quelle mesure. Néanmoins, l'approche scientifique pure et dure précède souvent les résultats concrets !
- J'imagine, mais justement pour parler pratique je ne vois absolument pas ce qui, dans ton enquête, peut intéresser les gens qui te surveillent !
- C'est bien là où le bât blesse. Pourtant, plus j'y pense, plus je me demande quelles facettes des ondes jouent un rôle dans cette affaire !
- Par là tu veux dire : est-ce que ce sont les ondes ou les catastrophes qu'elles génèrent qui sont importantes ?
- D'après le mystérieux message, ce seraient les deux !
- C'est plausible !
- A propos, j'imagine que le test de l'adresse « e-mail » de l'expéditeur ne vous a rien donné !
- Rien du tout, notre message nous est revenu avec la mention habituelle : « adresse inconnue, message non délivré » !
- Mis à part ces mésaventures mon reportage avance et demain, comme prévu, je prends l'avion pour Sumatra !
- J'espère que tu n'auras pas de problèmes avec ces charlots !
- Va donc savoir, avant de les traiter de charlots il faut les identifier, c'est peut-être une organisation internationale.
- Quand même, vous auriez pu avertir la police lors de cette dernière agression !
- Nos indices me paraissent un peu légers pour ça, mais ne t'inquiète pas je reste vigilant !

Quelques jours plus tard, à l'aube, Eric quitte son petit appartement parisien pour Roissy. Dans le taxi il appelle le numéro de portable de Jérôme :

- Ne quittez pas je vous le passe répond une voix féminine !
Oui ici Jérôme, ah c'est Eric !
- Bonjour, je ne pensais pas te déranger mais le mal est fait. Juste un coup de fil pour savoir si tu as reçu des renseignements sur les papiers du type ?
- J'ai contacté votre copain de la police comme vous me l'aviez dit, mais pour l'instant je n'ai rien !
- Jérôme, excuse mon indiscrétion mais la voix claire et cristalline qui a agréablement chatouillé mes oreilles me rappelle celle d'une jeune sismologue rencontrée récemment !
Silence au bout du fil et Jérôme finit par balbutier :
- Ah bon !
- Tu sembles plus rapide que le tsunami. Trêve de plaisanterie je t'appellerai dès mon arrivée !
Dans l'avion Eric jette un coup d'œil discret autour de lui, sans trop y croire il scrute les visages mais ne relève rien de suspect. Le vol est sans histoire et le surlendemain Eric se retrouve dans un hôtel de Banda Aceh, la capitale de la province de Aceh située à la pointe nord de l'île indonésienne de Sumatra, à l'embouchure de la rivière Aceh. Cette ville de plus de deux cent mille habitants a subi de plein fouet le séisme de 2004 et l'énorme tsunami qui a suivi.
- Hello my dear friend ! fait la voix caverneuse et chaude d'un immense gaillard aux yeux bleu azur et à la barbe blonde, au moment où Eric entre dans le bar de l'hôtel. Il retrouve son vieux copain John Flag, reporter dans un journal de New York, qui connaît les raisons de sa venue en Indonésie.
- Tu es seul John ?
- Pour l'instant, Tom arrivera plus tard, il connaît déjà mon histoire !
Après les congratulations d'usage les deux compères prennent place dans les fauteuils confortables d'un petit salon devant une boisson quelque peu corrosive et en viennent rapidement aux faits. John était

présent en ces lieux le 24 décembre 2004 et il commence de raconter ce qu'il a vécu.

- Je faisais un reportage sur la variété des langues parlées dans les différentes provinces de Sumatra et je me déplaçais dans différentes parties de l'île, je t'en avais informé à l'époque. Ce jour-là j'étais parti tôt le matin, il faisait un temps splendide et l'air était merveilleusement calme, la journée s'annonçait radieuse... Je devais rencontrer un homme charmant, un spécialiste connu des langues d'Asie que j'avais surnommé l'Erudit, il habitait Banda Aceh. Il venait à peine de me prier d'entrer dans son appartement situé au troisième étage d'un petit immeuble quand j'ai eu l'impression désagréable que mes jambes se dérobaient sous moi. Nous nous sommes regardés :

- Un séisme, pas de temps à perdre ! m'a-t-il dit très calmement.

Nous avons dévalé, ou plutôt dégringolé l'escalier comme des hommes ivres, à la limite permanente de la rupture d'équilibre mais nous avons réussi à atteindre le rez-de-chaussée où nous avons été projetés et plaqués à terre. Par une reptation plus ou moins contrôlée nous avons finalement atteint le milieu de la route loin des immeubles, pour nous allonger comme de nombreuses autres personnes. Les secousses et le bruit étaient impressionnants, depuis que je venais dans ces pays c'était mon premier séisme et je pensais ma dernière heure arrivée. Parmi les gens allongés comme nous, certains avaient le regard fixe et ne bougeaient plus, d'autres exprimaient leurs craintes calmement ou bruyamment, d'autres chantaient des mélopées en balançant les bras, d'autres priaient et se prosternaient, mais la dignité de ces êtres, pour la plupart très pauvres, présidait à tous leurs comportements. Un peu partout des bâtiments s'effondraient dans un nuage de poussière et de gravats. Par instants, l'ampleur des vibrations sismiques était à la limite du supportable, elle minait l'intérieur du corps. En position horizontale forcée je trouvais les secondes interminables : ça ne finira donc jamais, pensais-je.

Puis les mouvements chaotiques du sol diminuèrent sensiblement,

nous nous sommes regardés, était-ce une accalmie ? Totalement hébétés nous n'osions y croire. Mais alors que nous commencions à respirer, j'ai entendu crier dans la langue locale : « l'eau, l'eau » ! Cette voix me semblait venir d'un autre monde, j'étais prostré et pétrifié, les informations n'arrivaient plus à mon cerveau. Mon ami l'Erudit s'est penché vers moi et d'une voix calme il m'a dit :
- C'est le tsunami qui arrive ! puis il m'a fait signe de le suivre, il m'a alors conduit à nouveau dans la cage d'escalier où nous avons grimpé jusque sur la terrasse, plusieurs personnes nous ont suivis. Il était temps, un immense mur d'eau suivi d'un fleuve noirâtre et bouillonnant, semblable à une immense crue tourbillonnante, se répandait partout à grande vitesse dans les rues de la ville, fauchant et renversant tout sur son passage avec une force démentielle. Il charriait d'innombrables débris hétéroclites : des morceaux de bois de tous gabarits, des chaises, des tables, des troncs d'arbres, des panneaux divers, du mobilier, des voitures, un bus, des épaves de bateaux... Entraînés par ce déluge dantesque, des individus de tous âges passaient sous nos yeux en hurlant leur détresse. Le fleuve charriait aussi des cadavres de tous âges et tous sexes. Certains immeubles, déjà fortement éprouvés par le tremblement de terre, ne résistaient pas à cette nouvelle charge et s'abîmaient dans l'eau, comme aspirés par des forces mystérieuses. Juché sur la terrasse, dominant cette apocalypse, la peur au ventre, je guettais l'instant où notre propre bâtiment, miné par les coups de bélier du flot composite, allait disparaître.

Tandis que du haut de notre poste d'observation nous suivions l'évolution de la situation un petit garçon nous apparut, en équilibre sur un amas de déchets qui surnageaient sur la rive opposée de notre rue. Je ne sais comment ce pauvre gamin a détecté notre présence, mais il a soudain levé vers nous ses grands yeux noirs innocents dans une interrogation muette sans pour autant nous implorer. Bouleversé par cette image, sans réfléchir j'ai bondi dans l'escalier suivi spontanément par un jeune thaï, l'eau arrivait maintenant juste au niveau du deuxième étage. En me penchant par une fenêtre, parmi la multitude de débris flottants j'ai repéré une imposante armoire qui faisait du sur place au hasard d'un tourbillon. À deux nous nous sommes laissés glisser dans l'eau et avons réussi à l'agripper. Elle nous a servi de flotteur et de bouclier contre les débris. Au prix de gros efforts nous avons réussi à franchir la vingtaine de mètres nous séparant du côté opposé de la rue, transformée en un fleuve grondant. Il était temps, le pauvre gamin, épuisé, était prêt à se laisser couler, il tremblait de tous ses membres. Je l'ai pris sous le bras - il était léger comme une plume - pour le poser sur notre esquif improvisé. Le retour fut assez délicat, mais heureusement le jeune thaï m'apportait une aide efficace et moi-même j'étais en pleine forme physique. Nageant en diagonale dans le courant en poussant devant nous l'embarcation de fortune, nous avons échoué à cinquante mètres en aval de notre point de départ dans une zone relativement stagnante dont le niveau baissait rapidement. A partir de là nous avons regagné lentement notre immeuble en crapahutant sur les déchets flottants qui formaient une sorte de magma inégal et instable à la surface de l'eau.

Etendu sur la terrasse de notre bâtiment, le pauvre gosse roulait des yeux affolés mais dévorait consciencieusement les quelques friandises que l'Erudit avait glanées dans son appartement. J'étais heureux, nous avions réussi à arracher un gamin à une mort certaine, mais qu'était devenue sa famille ?

L'eau avait maintenant bien baissé mais l'Erudit essayait de dissuader ceux qui faisaient mine de partir :

- Ça c'était la première vague, une seconde inondation catastrophique due à une autre vague de tsunami peut venir et d'autres encore !

- Et c'est ce qui s'est passé ?

- Parfaitement, nous avons subi encore deux inondations, notre bâtiment a résisté. Nous avons su plus tard que les trois vagues du tsunami avaient, ici à Banda Aceh, des hauteurs estimées à sept, dix-sept et quinze mètres. La dernière, très puissante, avait parachevé le travail de dévastation des deux précédentes. Ce qui frappe c'est la quantité colossale d'énergie que ces phénomènes naturels peuvent développer !

- Oui l'énergie se manifeste initialement sous forme de secousses via les ondes sismiques puis sous forme d'inondations via les vagues : ces ondes hydrodynamiques générées par le tremblement de terre sous marin !

- A Banda Aceh, nous avons en effet subi les deux puisque l'épicentre du séisme n'était situé en mer qu'à 250km de la ville, soit au voisinage de la triple jonction entre trois plaques tectoniques où, dans le passé, des séismes et tsunamis avaient été générés, d'après les informations fournies par la suite !

- A environ 10km/s il faut 25 secondes aux ondes sismiques pour parcourir cette distance. Pour la première vague du tsunami, qui se propage - disons à 200m/s - il faut 1250 secondes soit un peu plus de 20 minutes pour parcourir la même distance !

- Je t'assure que sur place ces évènements paraissent interminables et leurs conséquences sont effrayantes. Quand tout s'est calmé une grande partie de Banda Aceh n'était plus qu'un champ de décombres et de désolation où les morts pullulaient. Je ne pourrai jamais oublier ces images insoutenables où, parmi les innombrables cadavres empilés pêle-mêle, dont certains commençaient déjà à se décomposer, on pouvait distinguer ceux de pauvres petits gosses. Dans cette atmosphère morbide où les rescapés commençaient à s'activer, tout manquait : les médicaments, la nourriture, l'eau douce... Je décidai de rester en ces lieux le temps qu'il faudrait, pour participer aux opérations de sauvetage !

- Tu n'avais qu'une vue locale des dégâts ?

- Absolument, c'est seulement plus tard, quand j'ai pu rejoindre mon hôtel situé assez loin de la côte, me brancher sur le Net et par la suite consulter la télévision que j'ai pris conscience de l'ampleur du désastre. La province d'Aceh était durement touchée. A Banda Aceh, la capitale, alors que certaines parties de la ville étaient indemnes, d'autres, tout particulièrement celles situées au voisinage du littoral, étaient complètement ravagées, le nombre de morts augmentait sans cesse, j'étais littéralement assommé. Et je ne me doutais pas que par la suite le nombre de morts atteindrait 130000 et celui des sans abris 500000. Ça n'a fait, bien sûr, que me renforcer dans ma décision. J'ai appris que le tsunami avait, suivant le temps de propagation nécessaire, frappé successivement les côtes sur le pourtour du Golfe du Bengale et traversé l'Océan Indien jusqu'aux côtes africaines !

- Imperceptibles, robustes, silencieuses et sournoises ces vagues voyagent au large, à la vitesse d'un jet, pour déferler en grondant sur le littoral, au voisinage ou à des milliers de kilomètres de la source, en semant la terreur, la désolation et la mort !

- En effet, le tsunami a été une surprise totale pour la population de ces pays qui bordent l'Océan Indien, mais pas pour les scientifiques qui connaissent la tectonique de la région. De nombreuses stations enregistrèrent le séisme mais n'avaient pas les moyens adéquats pour confirmer la détection des vagues dues au tsunami. Malheureusement il n'existait pas de réseaux de communications pour alerter la population vivant sur les côtes !

- Cette catastrophe nous apprend que dans notre monde de communications rapides, de connaissances scientifiques et de techniques évoluées, une fois le séisme imprévisible déclenché, nous ne sommes pas partout capables de prévoir l'apparition d'un tsunami, d'en informer la population et de nous préparer à son arrivée ! remarque Eric.

- C'est vrai, dans notre soit disant société de progrès nous avons du mal à nous faire à cette idée. Néanmoins si nous ne pouvons pas anticiper ces phénomènes physiques nous pouvons diminuer la vulnérabilité. Pour cela il est possible d'éduquer les populations, locales et touristiques, de leur recommander de ne pas concentrer les constructions sur le littoral. En plus de ces parades élémentaires mais difficiles à faire appliquer, il faut doter les pays qui sont les plus démunis d'un système efficace d'alerte au tsunami comme il en existe sur le Pacifique. On ne peut prévoir un séisme et, dès qu'il est détecté dans un fond marin, il faut considérer le tsunami comme probable et donner l'alerte !

- Parfaitement, et pour ce genre d'évènement il n'est pas totalement exact de parler de catastrophe naturelle !

- Tu as raison, en réalité un phénomène naturel comme un séisme ou un tsunami provoque une catastrophe du fait de l'existence de populations en un endroit donné. Elle est d'autant plus importante qu'il y a concentration d'individus !

- Il est évident qu'un séisme en plein désert et un tsunami sur une côte inhabitée n'ont aucune conséquence humaine mais peuvent modifier le site en remodelant l'environnement !

- Dans ces conditions si ce dernier est dévasté on peut dire que l'on a une catastrophe en milieu naturel c'est-à-dire une catastrophe naturelle !

- Figure-toi qu'à ce propos je me pose une question : peut-il y avoir des catastrophes d'apparence naturelle !

- Tu veux dire provoquées par l'être humain ?

- Oui !

- Ce n'est pas impossible, mais les énergies et les forces mises en jeu ne seront pas aussi gigantesques. En tout cas pour imaginer de telles choses il faut être complètement taré !

- C'est bien mon avis, et je vais t'expliquer pourquoi une telle idée m'a effleuré ! dit Eric en racontant les agressions dont il a été l'objet depuis qu'il enquête sur les catastrophes liées aux ondes !

- Ça alors, et tu n'as aucune idée de la nature et des mobiles de tes agresseurs !

- Je dois t'avouer que jusqu'à maintenant je ne m'en suis guère inquiété, mais depuis la dernière alerte à Paris, je me tiens sur mes gardes !

Sur ces entrefaites une silhouette massive avec un visage rieur dominé par une masse de cheveux bouclés, s'encadre dans la porte du bar.

C'est celle de Tom Paterson, journaliste dans une agence de presse à Johannesburg, ami de longue date de nos deux compères.

- Salut à vous les copains ! fait cet homme puissant. Le contraste est saisissant entre sa carrure de joueur de rugby, sport qu'il a pratiqué fort longtemps, et sa petite voix. Homme calme et tranquille d'apparence, il est capable de piquer des colères épouvantables.

- Salut à toi, Tom. Je viens de raconter à Eric comment j'ai vécu le tsunami à Aceh, tu arrives juste à temps pour lui narrer ta propre expérience de cet événement!

- Merci John, je vais essayer d'être clair et concis. A cette époque j'avais pris quelques jours de vacances à Phuket en Thaïlande. Ce matin-là je prenais tranquillement mon petit déjeuner sur l'une des terrasses de l'hôtel quand Hans un touriste allemand avec qui j'avais sympathisé sortit du petit bois de palmiers, situé entre l'hôtel et la plage, s'approcha de ma table, l'air inquiet :

- Tom, la mer était calme jusqu'à maintenant et voilà qu'il se passe une chose bizarre : elle se retire.

- C'est normal tu te fais des idées.

- Non, non, je ne crois pas, je suis désolé d'insister lourdement mais viens voir.

En débouchant sur la plage dans le sillage de Hans je marquai un arrêt :

- Ça alors mais elle est vraiment loin !

- Et elle a encore reculé, regarde ces petits rochers ils sont sous l'eau d'habitude ! ajouta Hans. Ignorants des choses de la mer nous scrutions les alentours, perplexes. Deux gosses jouaient dans le sable à quelques pas de nous. Plus loin des gens papotaient par petits groupes, ils n'avaient apparemment pas l'air d'être perturbés par cette anomalie, certains même marchaient en direction de la ligne d'eau lointaine qui se détachait sur le ciel bleu azur. Une sorte d'angoisse m'étreignit : un sentiment confus de danger lié à ce phénomène. J'avais beau me torturer la cervelle je ne me rappelais plus du tout ce que ça signifiait. Soudain

je revis défiler les images d'un documentaire qu'un scientifique avait présenté au cours d'une conférence sur les catastrophes : d'énormes vagues générées par un séisme sous-marin dévastaient le littoral américain. Je hurlai :
- Hans, c'est un tsunami, tirons-nous !
- Un tsunami ?
- Oui, des grosses vagues qui balayent tout !
- T'es sûr ?
- Presque, mais peu importe, ce n'est pas le moment de moisir ici !

Nous nous sommes mis à hurler et agiter les bras en direction des gens les plus éloignés en leur faisant signe de rebrousser chemin et de courir. Certains firent demi-tour mais d'autres, curieux ou ne comprenant pas nos signes, continuaient de marcher sur le sable en direction de la vague, maintenant imposante. Elle s'étendait sur toute la largeur de l'immense plage. Il faisait si beau, l'air était limpide et l'ambiance matinale si agréable, que pouvait-il arriver de fâcheux à ces touristes inconscients ? Les choses évoluèrent rapidement et la panique s'empara bientôt de ces téméraires quand ils s'aperçurent que la ligne blanche écumante qui matérialisait la crête de la vague se rapprochait très vite avec une hauteur croissante et un grondement inquiétant. Pour beaucoup c'était trop tard.

Avec Hans nous nous sommes rués en direction de l'hôtel, au passage nous avons d'autorité pris chacun sur l'épaule un des gosses s'amusant dans le sable.

C'est en trombe que nous avons retraversé le bois de palmiers en vociférant à la ronde :
- Fuyez, ... fuyez, ... la grosse vague arrive ! pour tenter d'entraîner dans notre sillage une majorité de gens dont beaucoup, surpris et indécis, restaient plantés sur place.

Arrivés au pied de l'hôtel, nous nous sommes précipités dans ses étages en alertant le maximum de personnes. Certaines souriaient avec l'air de nous prendre pour des plaisantins alors qu'un drame se préparait, j'en étais maintenant convaincu.

A peine réfugiés au troisième et dernier étage de l'hôtel, depuis la terrasse de la chambre d'Hans nous avons assisté à un spectacle absolument effrayant. La première vague d'eau boueuse a déferlé en rugissant dans le bois de palmiers et arraché au passage plusieurs arbres comme des fétus de paille. Puis de sa puissance colossale, encore amplifiée par la multitude de débris qu'elle transportait, elle a percuté la façade de l'hôtel le faisant osciller sur ses fondations. Elle l'a traversé de part en part dévastant totalement les étages inférieurs. Heureusement, le bâtiment, ouvert à tout vent n'a pas opposé trop de résistance au flot infernal. Sur la terrasse, pétrifiés, nous n'en menions pas large.

Des cris de douleur ou de détresse fusaient de toutes parts, des corps ensanglantés ou écrasés par les débris flottants dérivaient, entraînés par le flot tumultueux. Un couple de personnes d'un certain âge qui avaient réussi à se hisser sur une sorte d'armoire flottante fut submergé et aspiré dans les remous. Impuissants et terrifiés nous assistions à cette catastrophe hors du commun comme dans un rêve. Puis l'eau commença à se retirer tout doucement entraînant avec le reflux des cadavres de tous âges mélangés à des débris de toutes sortes. Ce fut l'accalmie, ponctuée par les lamentations et les appels à l'aide des blessés. J'allais descendre participer aux secours quand Hans me tapa sur l'épaule :

- Tom regarde, une autre... !
- Malheur, elle est énorme, au moins deux fois plus haute ! fis-je la voix chevrotante. Sinistre, avec sa base vert sombre surmontée d'une crête blanche, elle barrait tout l'horizon, il lui fallut peu de temps pour arriver. Gigantesque et furieuse, dans un bruit assourdissant elle rebondit plus haut que les palmiers qu'elle percuta de plein fouet en broyant et noyant tout sur son passage comme irritée par la résistance qu'elle rencontrait. Une fois encore l'hôtel accusa le choc mais resta debout. Fascinés par ce spectacle nous étions hypnotisés par la puissance colossale d'une telle manifestation naturelle. Des imprudents qui étaient redescendus trop rapidement devant l'hôtel furent happés et balayés pour aller rejoindre

parmi les débris la sinistre valse des cadavres. Un deuxième répit fut suivi par une troisième vague beaucoup moins forte qui réclamait ses dernières victimes et peaufina le travail des précédentes. Puis ce fut le silence très rapidement rompu par les cris des blessés et les pleurs de ceux qui avaient eu la chance d'échapper au massacre mais le malheur de perdre tout ou partie de leur famille : là une mère ou un père se retrouvait seul, ici un petit gosse ne comprenait pas pourquoi ses parents et ses frères et sœurs avaient disparu. L'horreur de la situation apparaissait dans toute son acuité.

Nous avons rejoint les rescapés qui commençaient à descendre les étages et à se regrouper pour aider les blessés et les personnes en difficulté avec les moyens du bord qui ne représentaient pas grand chose. Le rez-de-jardin et les deux premiers étages étaient totalement dévastés et recouverts d'une boue épaisse, il n'y avait pratiquement plus ni pansements, ni médicaments, ni eau douce, ni nourriture. Pour corser le tout, des odeurs nauséabondes résultant de l'accélération par la chaleur du processus de décomposition des cadavres commençaient à se faire sentir. Tandis que nous nous activions sans relâche j'aperçu un type d'une trentaine d'années à l'air renfrogné et hautain qui ne participait que mollement à notre action. Il n'arrêtait pas de se plaindre et de critiquer nos efforts. Il trouvait que le personnel de l'hôtel - ou plutôt ce qui en restait - n'était pas efficace,… Bref, il commençait à m'échauffer les oreilles et celles de pas mal de bénévoles parmi nous. Je m'approchai de lui en demandant :
- Que voulez-vous au juste ?
- Cher monsieur, à l'heure qu'il est nous ne devrions plus patauger dans cette horrible boue mais être en route pour l'aéroport !
- Et pourquoi ça ?
- Dans ce pays de sauvages personne n'est capable d'organiser notre rapatriement !
Je ne pus me contrôler et mon poing s'abattit sur lui… Il s'affala comme une masse dans la boue visqueuse et ne bougea plus. J'avais

peut-être frappé un peu fort, néanmoins personne ne semblait m'en tenir rigueur. Spontanément deux d'entre nous le prirent chacun sous un bras pour le balancer dans ce qui avait été la piscine de l'hôtel mais n'était plus qu'une mare couleur chocolat. Quelques secondes plus tard après avoir retrouvé ses esprits, maculé de boue de la tête au pied, il pataugea et s'esquiva sans proférer une parole.

- Il y a vraiment des pauvres types sur terre ! ai-je conclu écoeuré par tant de bêtise.

Cet incident clos, nous avons sans relâche dispensé notre aide jusqu'en début de soirée. Puis avec Hans nous sommes partis à pied le long de la plage en direction d'un petit village où je m'étais déjà rendu ces jours derniers, j'y connaissais un pêcheur. Tandis que nous approchions, Hans me dit :

- Tu es sûr que nous arrivons ?
- Oui, ne t'inquiète pas !
- Pourtant je ne distingue aucune baraque ?

Après quelques centaines de mètres, je pris conscience du désastre : le village avait quasiment disparu, complètement rasé par le tsunami. Dans mon esprit je voyais des vagues dévastatrices à l'échelle de notre hôtel et de ses environs mais l'idée que le pourtour du golfe du Bengale et les côtes africaines fussent atteints ne m'avait pas effleuré. La suite me confirmerait l'étendue du désastre et me montrerait à quel point nous étions minuscules devant un tel phénomène aux dimensions cataclysmiques !

- Tu as eu le même genre de réaction que John ! intervient Eric.

- En effet, c'est là où j'ai compris que des vagues avec une énergie colossale et une grande durée de vie pouvaient porter le malheur à une grande distance de leur source.

- Tom, ton témoignage sur ce phénomène m'est précieux, mais figure-toi que d'autres pourraient s'y intéresser ! ajoute Eric en mettant son ami au courant de la surveillance dont il est l'objet.

- En réalité, tu n'informes personne des lieux que tu vas visiter, et ces types réussissent à te suivre à la trace !

- D'accord mais pour quel motif ?
- Avant de répondre à cette question, je chercherais plutôt à savoir comment ils arrivent à te suivre !
- Et alors ?
- Il peuvent repérer tes déplacements en planquant des micro puces électroniques émettrices dans tes affaires !
- Par exemple ?
- Tout simplement, dans tes bagages, tes dossiers, ton téléphone ou ton ordinateur portable, ou encore dans tes effets personnels comme tes talons de chaussures ou ta montre… !
- Il a raison, et plongé comme tu l'es dans ton enquête scientifique tu ne penses pas à ce genre de choses ! renchérit John.
- C'est vrai j'ai négligé cet aspect de la question !
- T'inquiète pas Eric nous allons t'aider à réagir ! fait Tom tandis que John approuve d'un léger signe de tête.

C'est ainsi que nos trois amis accompagnent Eric dans sa chambre pour passer au crible ses bagages et ses effets. Deux heures s'écoulent.

- Rien pour l'instant ! fait remarquer Eric.
- Persévérons…, persévérons… ! répond Tom.
- Un instant les gars, on dirait que… ! fait John avec un large sourire tout en dévissant avec précaution le manche d'une brosse à dents, alors que les deux autres se rapprochent de lui.
- Regardez, ce petit cylindre métallique !
- J'ignorais que cette brosse était creuse. Tu avais raison Tom, merci à vous deux ! Puis les trois compères maintenant persuadés que d'autres puces sont dissimulées dans les affaires d'Eric continuent la fouille, mais sans succès aucun.
- A présent il reste à prouver que notre trouvaille est un mouchard et j'ai une idée ! fait John en sortant son portable :
- Allo, l'Erudit, peut-on te rendre visite ? OK, j'arrive avec deux amis !

Sur place l'Erudit explique qu'une de ses connaissances, un bricoleur spécialiste de l'électronique et du numérique, sans grands moyens techniques mais avec beaucoup de savoir-faire peut vraisemblablement les aider. Une heure plus tard la réponse tombe : le petit cylindre est une balise émettant des impulsions radio haute fréquence, elles peuvent être captées par un récepteur adéquat, permettant ainsi de localiser les coordonnées du propriétaire de l'objet qui le contient. Pour ne pas dévoiler cette découverte à l'ennemi supposé, la balise est remise à sa place avec toutes les précautions d'usage ce qui fait dire à Eric :

- Ça va faire tout drôle de se laver les dents avec une balise !
- Effectivement c'est original ! renchérit Tom.
- Pour en revenir aux choses sérieuses je vous rappelle que nous avons trouvé un gadget électronique mais rien ne nous dit qu'il est unique ! insiste John.

La discussion se poursuit dans un restaurant proche de l'Hôtel. Nos trois compères apprécient la cuisine indonésienne dont les saveurs typiques et subtiles sont influencées par la cuisine chinoise et indienne. Après avoir dégusté des calamars aux deux poivrons, ils se régalent de « saté » : des petites boulettes de viande marinées et grillées. A la fin du repas Tom et John, dont la forme va croissant, proposent d'aller prendre un verre dans une boîte de leur connaissance.

- Désolé les gars, je ne vous accompagne pas. Je repars après-demain et je voudrais organiser une partie de mes notes avant demain au cas où j'aurais encore quelques informations à glaner !
- Eric devient sérieux, qu'en penses-tu John ?
- C'est peut-être l'âge ou alors la maladie !
- Arrêtez de divaguer les amis, je vous salue bien et à demain ! grommelle Eric. Il laisse là ses amis pour s'engager dans une petite rue : un raccourci permettant de gagner rapidement son hôtel. Plongé dans ses réflexions sur les tsunamis il marche tranquillement quand son subconscient enregistre un bruit anormal de moteur. Des années de bourlingue dans le monde entier lui ont appris à être vigilant, cette

fois-ci encore le déclic se fait, un danger le menace. Il se retourne juste à temps pour être ébloui par deux phares qui lui arrivent dessus, il plonge et fait un roulé-boulé pour se retrouver plaqué contre la façade d'un petit immeuble. La voiture, un gros 4x4 noir, continue sa route sans ralentir pour disparaître à l'extrémité de la rue.

- Salopard ! hurle-t-il, en se relevant aussitôt, et instinctivement il bondit à la poursuite du chauffard dont il a entrevu la silhouette dans la voiture qui a pris à gauche pour se frayer difficilement un chemin dans une nouvelle rue, cosmopolite : piétons, vélos, véhicules à moteurs de toutes sortes encombrent la chaussée rendant la progression difficile. Même à pied Eric a beaucoup de mal à avancer dans cette foule bigarrée. Néanmoins, il se rapproche de son agresseur qui pense peut-être avoir éliminé sa cible. Dans les lumières du soir il roule au pas et marque de nombreux arrêts et l'écart s'amenuise de plus en plus. Arrivé au niveau de la portière côté chauffeur Eric l'ouvre brutalement et agrippe fermement l'homme par un bras. Surpris, ce dernier n'esquisse qu'une faible résistance tandis qu'Eric l'extirpe de l'habitacle. Son geste s'arrête là : un choc violent sur la nuque lui fait perdre connaissance.

Il reprend connaissance allongé sur le sol en découvrant plusieurs visages penchés au-dessus de lui. On l'aide à se dresser sur ses jambes plus ou moins flageolantes et il lui faut plusieurs minutes pour reprendre ses esprits. Autour de lui les commentaires vont bon train dans une langue dont il ne comprend que quelques bribes, son état semi comateux n'arrange pas les choses. Une dizaine de minutes plus tard ses deux copains, qu'il a appelés sur son portable, débarquent la mine inquiète. Il les met rapidement au courant de la situation.

- Il nous faut réagir sans délai ! dit Tom.
- Oui ! renchérit John. Les divers témoignages ne sont pas cohérents mais tu as été proprement matraqué par un deuxième larron !
- En effet, vu le monde je n'ai pas soupçonné un instant cette deuxième présence !

Au poste de police où ses deux amis ont réussi à entraîner Eric, un inspecteur que Tom connaît bien informe le trio que le numéro d'immatriculation qu'Eric a réussi à relever n'est pas celui d'un 4x4. À priori les plaques sont fausses et ça doit être confirmé.

Le lendemain matin nos trois compères palabrent autour d'un copieux petit déjeuner. Malgré un léger mal de tête Eric a récupéré du choc, il est capable de participer potentiellement à un « conseil de guerre ».

D'un ton empreint d'impatience Tom mène la discussion :

- Comme tu pars ce soir, John et moi allons retourner à la police et en parallèle mener notre enquête personnelle !

- Vous êtes sympas les gars, mais… !

- Mais…, il n'y a pas de mais. D'ailleurs les résultats ne sont pas garantis !

- Analysons les évènements ! fait Tom en baissant la voix. Nous sommes partis d'ici pour rejoindre le restaurant, et tu t'es fait agresser peu de temps après nous avoir quittés. Donc nous étions surveillés depuis l'hôtel et probablement déjà quand je vous distillais ma version du tsunami !

- Ta déduction tient debout, logiquement si l'on ajoute le coup de la brosse à dents mes faits et gestes sont épiés depuis que j'ai commencé cette enquête !

- Les scénarios de tes agressions et la diversité des lieux laissent supposer l'existence d'une organisation aux ramifications importantes ! marmonne John.

- Dans ce cas c'est un gros morceau ! fait Tom.

- Tout à fait, et j'en reviens toujours à la même question : qu'est-ce qui peut bien les gêner dans mon investigation ! ajoute Eric en se levant suivi par ses deux amis. Tous trois prennent congé.

Le soir, dans la voiture de John ils font route vers l'aéroport. Tom constate :

- Comme prévu les plaques sont fausses, en plus les indices sont nuls et nous ne sommes pas plus avancés que ce matin !

- Tu peux même dire que nous reculons ! plaisante John.
- Cette agression est du même type que la vague déferlante dans le torrent des Alpes et je me demande à nouveau s'ils ont seulement voulu me faire peur, ou alors… ?
- Ou alors te liquider ! grogne Tom.
- Tout cela ne serait pas arrivé si, faisant fi de tes réflexes puritains, tu nous avais accompagnés en boîte ! ajoute John.

5. Tornades et cyclones

Eric ouvre un œil et s'étire, un rai de lumière filtre à travers les doubles rideaux masquant la petite fenêtre, et semble hésiter à venir se promener parmi les draps sur lesquels sa compagne dort encore. La rumeur de la rue monte jusqu'au cinquième étage du petit appartement, Paris s'éveille. Sans bruit, il se lève.
- C'est sympa, je n'étais plus habituée à un tel réveil ! fait Aline d'une voix charmeuse alors que l'odeur de café se répand dans le studio et qu'Eric dispose les croissants sur la table.
Je suis remplie d'admiration, après un si long voyage tu es déjà sur la brèche, un homme c'est quand même utile !
- Tout de suite tu en rajoutes !
- Pas du tout, as-tu bien dormi malgré le décalage horaire ?
- Pas trop mal !
- Et le reste ?
- Le reste ?
- Eh bien oui, tous ces mecs qui tentent de t'agresser !
- Attends, tu vas un peu vite en besogne. D'ailleurs jusqu'à maintenant leurs agissements ne troublent pas mon sommeil !
- C'est une bonne chose, cependant d'après ton histoire, je suis comme tes copains John et Tom, je pense qu'il faut réagir !
- Facile à dire !
Aline baille et se dresse sur son séant, mettant en valeur ses formes parfaites de belle brune aux yeux gris bleu, à l'allure sportive et décidée. Cette jeune femme de trente ans est lieutenant de police à la brigade criminelle où, au cours des enquêtes elle s'est déjà fait remarquer par sa rigueur et son flair. En souriant elle dit :
- Quand même, dès le début tu aurais pu m'informer de tes ennuis !
- Oui j'ai hésité, mais au départ je n'ai pas pris cette histoire au sérieux et en plus je ne voulais pas t'inquiéter.

- Tu es ridicule !
- Ça c'est ton mot !
La discussion dévie sur d'autres sujets et un moment plus tard Eric gratifie Aline d'un chaste baiser sur le front avant de la quitter :
- Je file, j'ai quelques affaires à régler et ce soir je prends le TGV gare de Lyon, à après demain en Bourgogne !
- D'accord !

Après Paris le calme de la grande demeure familiale est impressionnant. À première vue tout à l'air en place, pas de trace d'intrusion étrangère en ces lieux. En terminant son petit tour du propriétaire Eric appelle son copain Pierre, qui lui a installé son dispositif électronique de surveillance.
- Quoi de neuf ?
- Je suis passé en fin d'après-midi, et ton voyage ?
- Je te raconterai !
- A part ça comme suite à la parution de ton article intitulé « MINI CRUES ECLAIR ET DÉGÂTS DES VIGNES » j'ai organisé, comme convenu, un débat public sur ce thème, précédé d'un exposé. Il est programmé pour après-demain vendredi, le soir en la salle Marie de Bourgogne, dans un ancien bastion de la ville de Beaune !
- Parfait, tu as été vite en besogne !
- Te connaissant je suis sûr que tu es déjà prêt !
- En effet, à vendredi !
Eric a raccroché depuis à peine dix minutes lorsque la silhouette de Pierre se profile dans l'entrée de la salle de séjour comme jaillissant de nulle part.
- Je me doutais que tu allais venir car au téléphone ta voix résonnait bizarrement !
- J'ai suivi ta consigne, je suis rentré par la petite porte de derrière donnant sur les remparts ! fait Pierre en faisant signe à Eric de le suivre dans une pièce éloignée où ce dernier demande :

- Que se passe-t-il ?
- Je préférais ne pas t'en parler au téléphone, en réalité mon dispositif de surveillance à « webcam » a fonctionné. Suis-moi ! Un instant plus tard Pierre fait défiler les images stockées dans l'ordinateur. Sur l'écran on aperçoit deux types cagoulés se déplaçant dans la grande salle et dissimulant quelque chose dans la bibliothèque.
- En réalité ils ont installé un microphone émetteur comme j'ai vérifié par la suite.
- Et tu l'as laissé ?
- Evidemment, on ne peut pas les identifier mais on les laisse faire et on en profite pour faire de l'intox.
- Leurs plaisanteries continuent.
- Jusqu'à maintenant ce micro leur a été inutile, vu que tu étais absent !

Justement ton intervention de vendredi doit être suffisamment provocatrice de manière à les amener à se découvrir, si le sujet les excite.
- Se méfieront-ils ?
- Va donc savoir, ce ne sont peut-être que des sbires fanatiques ou des illuminés pas forcément lucides qu'ils envoient en première ligne !
- Tu as l'air de vraiment considérer qu'ils sont parfaitement organisés !
- J'agis comme si !
- Je te fais confiance !
- D'autre part il serait bon qu'en arrivant vendredi Aline ne passe pas chez toi, mais se rende directement à la salle de « conf ». Elle a deux avantages : a priori elle n'est pas encore connue par ces gens et en plus c'est une pro !
- OK , je lui passe un coup de fil sur ton portable pour plus de sécurité !

La salle est comble, les applaudissement fusent : l'exposé se termine.

Informés et mis en condition par l'article d'Eric paru dans la presse les jours précédents, de nombreux professionnels et acteurs de la vigne et du vin sont venus l'écouter. Dans son introduction il a insisté sur le fait que la côte bourguignonne, ainsi que beaucoup d'autres coteaux en France, tout simplement avec ses pentes assez marquées est propice à la génération d'écoulements rapides. Comparés aux crues éclair ils sont d'amplitude relativement modeste mais peuvent causer des dégâts susceptibles de s'amplifier du fait du dérèglement climatique. D'autant plus qu'ils peuvent évoluer vers un mélange de boue et de cailloux appelé laves torrentielles par analogie aux écoulements des volcans. En montagne la crue éclair se produit lorsque des pluies abondantes et brèves ne se dispersent pas suffisamment par infiltration et absorption par le sol. Entre les rives encaissées des torrents ou autres combes pentues, l'effet d'entonnoir intensifie le débit de l'eau dont la force emporte tout sur son passage.

Dans les vignobles, les propriétés et les caractéristiques d'une crue éclair ne sont pas comparables, néanmoins on peut parler de mini crue éclair. Il suffit d'une précipitation abondante à plusieurs centaines de mètres en amont pour qu'une vague - correspondant à une masse d'eau d'un mètre de hauteur environ créée en un court laps de temps à l'issue soit d'un orage, stationnaire ou se déplaçant lentement et déversant en un temps très court d'énormes quantités d'eau sur une surface limitée, soit d'une trombe d'eau isolée - dévale la pente et surgisse brutalement sans signes précurseurs pour provoquer des dégâts sur son passage.

Il a rappelé qu'il faut garder à l'esprit que la vigne est presque toujours plantée suivant la ligne de plus grande pente, celle-ci peut être assez importante en Bourgogne. Les rangs de vigne sont assez espacés et couvrent faiblement le sol, ils ne protègent donc pas contre l'impact de la pluie et n'assurent pas la protection du sol face au ruissellement. Dans les vignobles en pente il en résulte des phénomènes d'érosion hydrique comme le déchaussement des pieds, un phénomène relativement connu depuis longtemps par les gens de la vigne qui remontaient systématiquement la terre. La mécanisation et son intensification ainsi que l'augmentation des surfaces plantées contribuent encore à la formation de rigoles par les traces de roues des tracteurs enjambeurs. De plus l'utilisation de désherbant chimique vient renforcer le ruissellement en créant des surfaces tassées et non absorbantes et des ravinements. Il en résulte que les mini crues éclair peuvent dégénérer en coulées de boue et de cailloux. On les apparente à des mini laves torrentielles - du fait de leur similitude avec des écoulements de lave - qui peuvent être à l'origine de dégâts non négligeables.

Le débat commence dans une ambiance débonnaire. A l'aise, Eric répond calmement aux diverses questions. Une demi-heure plus tard la discussion touche à sa fin, assis au premier rang un type au profil asiatique, qui s'est déjà manifesté en posant une question, se lève à nouveau et s'approche de l'orateur en brandissant brusquement à bout de bras un poignard avec lequel il tente apparemment de le frapper. Un « Oh » de stupeur s'élève de l'assemblée. Instinctivement Eric esquive le coup, bascule en arrière en entraînant l'homme dans sa chute et l'envoie bouler à quelques mètres. L'action n'a pas duré plus d'une seconde, hébété le public est resté sans voix. Dans le même temps Aline, Pierre et Jérôme, dispersés dans la salle, bondissent pour prêter main forte à leur copain. L'agresseur se relève et ramasse rapidement son arme. Acculé dans un coin, menaçant, poignard à la main il fait face. Soudain, dans le grand silence qui s'installe, d'une voix rauque il crie :
- Pour le Maître ! Et il agrippe par le bras une jeune femme se trouvant à proximité et lui met son couteau sous la gorge. Puis tout en hurlant et poussant son otage devant lui il fend la foule pour atteindre une porte de sortie qu'il referme violemment derrière lui. Pendant quelques secondes l'assemblée reste figée, la stupéfaction est totale, les gens sont interloqués par la soudaineté et l'incongruité du geste. Quelques instants plus tard on retrouve l'otage dans une petite rue

adjacente où l'homme l'a abandonnée avant de disparaître. Quelques minutes plus tard les pompiers débarquent, rapidement suivis de près par une équipe de police et un médecin. Après les formalités d'usage le commandant Gérard Tastetout démarre ses investigations. Il s'adresse à Eric, qu'il connaît depuis longtemps :
- Je ne pensais pas te revoir dans de pareilles circonstances. Ce n'est pas les témoins qui manquent dans cette affaire. Il reste à savoir si elle est l'œuvre d'un déséquilibré ou si c'est un acte prémédité !
- Sans hésiter je penche pour la deuxième option, je te raconterai pourquoi dans un endroit à l'abri des oreilles indiscrètes ! répond à voix basse son interlocuteur.

Tard dans la soirée, au commissariat, Eric finit de raconter son histoire au commandant, Aline est assise à son côté.
- Maintenant vous connaissez toute mon épopée et le détail des agressions dont j'ai été la cible depuis que j'enquête sur ces ondes de malheur !
- Plusieurs choses retiennent mon attention. Avant de s'échapper, l'agresseur a cité « Le Maître », probablement son chef et peut-être le commanditaire de cette agression et des précédentes. Des tarés, ou des fanatiques, veulent t'éliminer on ne sait pas pourquoi, en tout cas ils ont les moyens de te suivre à la trace. Le sujet de ton reportage semble les indisposer et les rend dangereux ! fait le commandant.
- Ces agissements me font penser à une société secrète ou à une secte ! ajoute la jeune femme.
- J'abonde dans votre sens : d'un côté l'aspect scientifique des ondes et leurs mécanismes, à l'opposé une structure ou un groupe qui refuse la diffusion des connaissances ou nie purement et simplement la logique des faits !
- Je suis d'accord, dans une certaine mesure mon reportage doit démystifier les propriétés des ondes, Dieu ou les sorciers n'ont rien à faire là-dedans !

- Justement, c'est peut-être là où le bât blesse ! souligne Aline.

Pendant quelques instants le commandant se gratte le front puis, avec un petit sourire il murmure :
- A plus courte échéance, il ne faut pas oublier le mot RAGATARITION qui, a priori, ne veut rien dire mais, une fois décrypté peut nous fournir des informations. J'aime ce genre de devinette, à première vue celle-ci ne doit pas être bien coriace, mais restons prudent !
- Il est peut-être judicieux d'y réfléchir chacun de notre côté ! propose Aline.
- Tu as raison, déjà quatre heures du matin ! enchaîne Eric.
- Quatre heures, c'est une catastrophe, engagez-vous dans la police... Une fois de plus ma « doulce et tendre » va maudire notre métier ! fait le commandant en faisant un clin d'œil à Aline.

Le lendemain soir ils se retrouvent chez Eric autour d'une bonne table avec la bonne humeur en toile de fond malgré les circonstances. Jérôme n'a pas pu venir mais Pierre est là et Madame Tastetout accompagne son policier de mari. Elle a accepté de venir car Aline, une représentante de la gent féminine, est présente et il a été convenu que la discussion professionnelle ne devait pas dépasser la demi-heure. Elle a déjà commencé mais, comme Aline et Eric se sont levés tard, très occupés... ils n'ont pas réfléchi au mot du jour. Le commandant, lui s'est investi dans son décryptage après avoir pris connaissance de l'article de presse consacré à l'attentat manqué, dont la sobriété est due à ses recommandations impératives. Il prend tout de suite la parole :
- En découpant le mot en fragments de base : RA-GA-TA-RI-TION que l'on assemble par paires avec TION on peut en générer quatre : RATION, GATION, TATION et RITION. Ces mots n'ont aucun sens. On peut encore faire d'autres combinaisons, mais ça ne m'a pas inspiré !

- Enormément de mots se terminent par TION mais si l'on recherche des mots se terminant par RATION, GATION, TATION ou RITION le choix est plus restreint ! remarque Pierre.

- Arbitrairement, si je choisis DESINTEGRATION, OBLIGATION, PRESTATION, et APPARITION je ne suis pas plus avancé ! remarque le commandant. Pendant un bon moment le silence traduit l'activation des neurones de chacun. Puis, négligemment, Aline remarque :

- Si je choisis PROPAGATION par exemple, ce mot est en rapport avec les ondes !

- Voilà une bonne idée ! exulte le commandant.

- Aline, tu m'impressionnes, tout de suite nous aurions dû penser aux ondes ! fait Eric. En suivant ton idée les mots tombent sous le sens, j'en propose trois nouveaux de manière à avoir : GENERATION, PROPAGATION, DEVASTATION et DISPARITION. Cette succession de quatre mots est limpide, elle représente les quatre phases d'une onde qui est générée, se propage, dévaste et disparaît !

- Ça paraît se tenir, seul notre spécialiste pouvait conclure aussi rapidement ! clame le commandant.

- Merci Gérard mais je ne mérite pas le titre d'expert, moi un modeste enquêteur sur les ondes. En réalité c'est toi l'initiateur du décryptage.

- Cessons de nous jeter des fleurs, à présent il nous faut trouver la relation entre cette suite de mots, qui nous a été balancée, et les agressions sur ta personne !

- Que veux-tu faire, je ne peux quand même pas me promener en voiture blindée !

- Tu comptes voyager ces temps-ci ?

- Je dois me rendre aux Etats-Unis pour les problèmes de tornades !

- C'est un bon endroit pour les tornades ?

- Oui, elles se produisent un peu partout dans le monde mais c'est là au Texas, en Oklahoma et au Kansas qu'elles se forment fréquemment et qu'elles sont finement étudiées !

- Tu seras seul ?

- Non, Jérôme, un jeune scientifique que tu ne connais encore pas m'accompagne. Maintenant comme promis passons aux choses sérieuses... conclut Eric tout en apportant à ses convives un foie gras accompagné d'un Puligny-Montrachet 2000.
- Le bouquet est remarquable ! fait le commandant en faisant rouler le vin entre langue et palais.
- Ce blanc comme toute la gamme des crus de Puligny et Chassagne me ravit toujours le palais !
- Ça descend dans le gosier comme un tourbillon de plaisir... ! répond son hôte.
- Oui, c'est une tornade particulièrement agréable... !

Le professeur Jeff Campbell, de l'université d'Oklahoma, homme trapu aux yeux bleus et à la longue chevelure blond filasse, se penche légèrement par-dessus son bureau et s'adresse à Eric et Jérôme assis devant lui :
- Les tornades sont à la fois fascinantes et effrayantes, elles se produisent un peu partout sur notre planète mais c'est dans le centre et le sud-ouest de notre pays qu'elles sont les plus fréquentes et les plus violentes. Le boulevard des tornades (Tornado Alley en anglais...) désigne la zone où elles se produisent souvent aux Etats-Unis. Son emprise peut varier suivant les critères que l'on se fixe, comme par exemple l'intensité, le nombre ou la fréquence des tornades. La Société Américaine de Météorologie le définit comme la zone dans laquelle les tornades sont les plus fréquentes : soit une surface s'étendant approximativement du Texas jusqu'au nord des Etats-Unis, et de la Louisiane à l'Iowa et même l'Ohio !
- D'après le peu que je sais, elles sont nombreuses dans ces états, avance Jérôme.
- En effet, statistiquement, beaucoup de tornades sont générées au Texas. Une répartition hétérogène de la température et de l'humidité dans l'atmosphère combinée à des fronts froids fournit des conditions

favorables à des instabilités et à la génération de ces ondes spirales dévastatrices que nous étudions et modélisons dans ce laboratoire.

Qu'est-ce qu'une tornade ? C'est un tourbillon de vent, en forme de colonne, à rotation très rapide et violente autour d'un axe voisin de la verticale. D'un côté cette onde tournante s'approche de la surface du sol, et de l'autre elle est en contact avec la base d'un immense nuage du type cumulo-nimbus. La tornade est souvent initiée par ce genre de gros orage et prend naissance dans son courant ascendant.

- Elle se présente sous différentes formes ?

- Tout à fait Eric, plusieurs formes sont possibles, mais le plus souvent son allure caractéristique est celle d'un entonnoir dont la partie étroite approche le sol et est souvent entourée d'un nuage de vapeur d'eau et de débris qui la rendent visible : de couleur blanche, grise ou noire suivant la nature du sol, comme vous pouvez le voir sur ces photos.

- Sur les vidéos que j'ai pu regarder, j'ai eu plusieurs fois l'impression qu'elle dure longtemps.

- Sauf exception sa durée de vie est généralement de quelques minutes et le diamètre du tourbillon est de l'ordre de quelques dizaines à quelques centaines de mètres. Il peut atteindre un diamètre de deux kilomètres au maximum. Le centre de gravité de la tornade se déplace à une vitesse variant de 30 km/h à 90 km/h, avec des vents tournants pouvant parfois atteindre des vitesses de rotation de 500 km/h, en suivant une trajectoire imprévisible. Tout en générant un rugissement assourdissant, le tourbillon peut laisser une trace d'une largeur rarement supérieure à quelques centaines de mètres, à l'intérieur de laquelle tout est dévasté. Les objets massifs comme les camions, les voitures, le bétail... sont aspirés comme des fétus de paille et tournent avec la tornade, les maisons explosent !

- Terrifiantes et fascinantes à la fois, on comprend pourquoi il existe des chasseurs de tornade ! ajoute Eric.

- Pour entrer un peu plus dans la description physique, une tornade est une onde non linéaire au mécanisme complexe dont la naissance n'est pas encore complètement élucidée. Toutefois on peut, pour simplifier, considérer un processus en deux étapes !

- Par non linéaire vous voulez dire une onde où les mouvements sont de grande ampleur ?

- Exactement, c'est un comportement où les relations entre cause et effet ne sont pas proportionnelles et de grande amplitude comme la propagation des vagues géantes sur lesquelles vous avez déjà enquêté. Néanmoins, dans le cas d'une tornade, le comportement est encore plus complexe car en plus d'un mouvement de translation il y a un mouvement de rotation !

- Effectivement, ça se corse... remarque Jérôme.

- Je reviens à la première phase de ma description. Dès le printemps et jusqu'à l'automne, au voisinage du sol l'air est chaud donc léger. En altitude il est froid donc de densité plus importante. Sous l'action de la différence de températures un courant ascensionnel de ce fluide ne demande qu'à s'établir, c'est le phénomène physique de la convection naturelle, d'où l'expression populaire : l'air chaud monte. En réalité à la surface du sol la chaleur n'est pas répartie de manière homogène : il y a des parties plus ou moins chaudes. En un de ces endroits, considéré comme un spot circulaire avec un centre plus chaud que ses bords, l'air chaud et humide va monter de plus en plus vite avec l'altitude : le système fonctionne comme une cheminée virtuelle. Ce flux montant interagit avec les vents latéraux dont la vitesse change en fonction de l'altitude, et se met à tourner.

- Serait-ce ce que l'on appelle alors un méso cyclone ?

- Précisément Jérôme !

- À ce stade le processus peut avorter ?

- Effectivement, l'étape suivante doit être décisive. Elle nécessite le développement d'un fort courant descendant : c'est-à-dire un courant d'air sec et froid qui, à mi-hauteur, se charge en humidité sous l'action de la pluie et redescend le long des parois vers la base de la cheminée où il est aspiré. Il prend de la chaleur puis se met à monter en tournant dans le sens inverse des aiguilles d'une montre, dans l'hémisphère nord. La colonne ascendante est inclinée vers le nord-est. Si la direction des vents change avec l'altitude la rotation du méso cyclone s'accélère. Elle évolue en un mouvement en spirale s'étirant progressivement vers le haut. La vitesse de rotation croît tandis que le diamètre de l'entonnoir diminue. Ce comportement à rotation variable est souvent comparé à celui du patineur sur glace : au départ il tourne lentement sur place les bras écartés puis tourne plus vite quand il rapproche les bras de son torse, ce qui correspond à une accélération de la rotation.

- C'est une bonne image du phénomène, fait Eric.

- En réalité, c'est un problème physique de moment angulaire dont je vous dis un petit mot si vous me permettez une petite formule ! fait Jeff Campbell en se retournant pour écrire : $L = mvr$, sur le tableau situé derrière lui.

Cette relation simple nous enseigne que le module du moment angulaire L est égal au produit de la masse m d'une « particule » (une infime quantité arbitraire d'air) par sa vitesse de rotation v autour l'axe de la cheminée et la distance r de cet axe à laquelle elle est située. La conservation (la constance) de L implique que v croît si le rayon r diminue et inversement... Pour en revenir au mouvement de l'air, comme il monte plus vite à l'intérieur de la tornade qu'il ne pénètre au niveau de sa base, la pression du flux montant au voisinage du centre de la colonne est extrêmement basse.

- C'est l'air humide et chaud qui alimente la tornade en énergie, on a une machine thermique, ajoute Jérôme.

- Parfaitement, du point de vue thermodynamique elle fonctionne entre une source chaude et une source froide pour produire de l'énergie mécanique en contribuant à la translation et à la rotation.

Souvent, une onde de faible amplitude, dite linéaire, perd de l'énergie par dispersion en se propageant et finit par disparaître rapidement. Dans le cas présent la tornade - ou onde non linéaire spirale - puise de manière continue de l'énergie thermique dans le milieu environnant dit

« actif » et reçoit de l'énergie mécanique des vents. Un équilibre subtil s'établit entre ces échanges et elle garde une durée de vie suffisante et peut se « tortiller et vagabonder » sur une distance plus ou moins importante.
- À quoi est dû ce comportement ?
- Vraisemblablement aux perturbations qu'elle rencontre sur son trajet et aux fluctuations spontanées de rotation dues aux instabilités internes de la spirale !
- L'énergie doit être colossale, demande Eric.
- Contrairement à ce que l'on pourrait attendre, dans une tornade la quantité globale d'énergie est relativement faible, c'est la densité d'énergie qui est importante. Je m'explique : une tornade typique contient 10 000 kilowatt.heure soit un million de fois moins d'énergie qu'un cyclone ou une bombe à hydrogène. Cependant comme une tornade est beaucoup plus petite qu'un cyclone, l'énergie par unité de volume est approximativement six fois plus grande que dans un cyclone. Donc, en termes de densité d'énergie une tornade est le plus important des orages !
- Intuitivement c'est trompeur ?
- Oui Jérôme !
- A priori ce n'est pas évident !
- J'en conviens, mais quand on est à proximité on n'en doute pas. La plupart des tornades naissent à partir des orages et les trombes d'eau, chutes de grêle, éclairs et tonnerre, qui font partie de leurs caractéristiques, matérialisent cette concentration d'énergie !
- Il existe un moyen de les classer ?
- On utilise l'échelle proposée en 1971 par le docteur Fujita, météorologiste à l'Université du Texas. Cette échelle comprend cinq échelons d'une unité. Variant de F1 à F5, elle indique la force d'une tornade en se basant sur les dégâts et les destructions qu'elle fait subir aux constructions et bâtiments !
- Et les chasseurs de tornades, qu'en pensez-vous ? demande Eric.

- Mon avis est mitigé car il existe différents types de chasseurs. En premier lieu il y a les scientifiques qui traquent ces tempêtes de manière à recueillir des informations, elles leur permettront d'améliorer les modèles et de mieux les comprendre pour pouvoir les prédire et améliorer leur prévention. D'autres professionnels sont les photographes et les preneurs d'images qui sont à l'affût de situations et de vidéos spectaculaires.

À côté de ces spécialistes il y a bien sûr des amateurs qui sont à la recherche d'aventures et de sensations fortes. Dans une certaine mesure, tout en contribuant aux observations d'un phénomène remarquable, ils satisfont souvent un rêve de jeunesse. D'ailleurs, malgré les dangers encourus à l'approche de ces ondes au comportement dévastateur et imprévisible, un nombre croissant de gens chasse les tornades !

- Ce passe-temps dangereux n'est pas gratuit.

- En effet Eric, pour des particuliers cette activité nécessite des moyens. Elle demande un équipement moderne : des véhicules rapides et bien équipés avec des récepteurs radios, des stations météos, des appareils photos et caméras, des GPS... En plus il faut prévoir le logement pour un certain nombre de nuits !

À côté de ces initiatives privées il existe des organismes spécialisés dans la chasse aux tornades où les touristes peuvent s'inscrire !

- D'accord mais comme les tornades sont imprévisibles, il est difficile pour ces organismes d'en montrer à leurs clients !

- Bien sûr mais ils peuvent leur faire découvrir les dégâts qu'elles peuvent occasionner ou leur faire approcher les gros orages précurseurs au cas où une tornade en émergerait !

- Ce n'est pas le cas des cyclones puisqu'ils ont des diamètres moyens immenses comparés aux tornades !

- C'est vrai, comme les tornades les cyclones sont des tourbillons atmosphériques. Néanmoins, le diamètre d'une tornade, générée par un orage et se formant majoritairement au-dessus du sol, est de quelques centaines de mètres. Le diamètre d'un cyclone, produit par

un amas d'orages et se formant exclusivement au-dessus de l'océan, est à l'échelle de la centaine de kilomètres !
- Et une fois qu'ils sont créés on les voit venir !
- Parfaitement, vu leur taille et grâce à la surveillance des satellites météos les cyclones sont détectés dès qu'ils naissent et le public est aussitôt informé par les médias. Leur durée de vie s'exprime en jours tandis que celle des tornades s'exprime en minutes !
- Oui, on nous montre souvent l'imposante masse nuageuse en forme d'onde spirale localisée, avec une zone centrale quasi circulaire à très basse pression appelée œil, qui suit une trajectoire assez imprévisible.

- En réalité le cyclone tropical se forme presque uniquement au-dessus des eaux chaudes des zones tropicales de notre planète. Il est connu depuis fort longtemps comme un phénomène naturel particulièrement dévastateur, selon les régions du globe le cyclone prend le nom d'ouragan ou de typhon. Dans l'hémisphère Sud il tourne dans le sens des aiguilles d'une montre, dans l'hémisphère Nord il tourne dans le sens inverse.

Comparé à la tornade qui se forme et fonctionne grâce à l'air chaud au niveau du sol, le cyclone est aussi une machine thermique, mais de dimensions gigantesques. Pour naître et exister il a besoin de l'eau chaude des océans dont la température de surface doit être supérieure à 26,5°C sur une profondeur d'au moins 50 m d'après les estimations. D'autre part le cyclone doit bénéficier de la rotation journalière de la terre se traduisant par l'effet Coriolis. Spécifiquement il peut se former à plus de 500 km ou à 5° de latitude de l'équateur, condition nécessaire pour que ces forces de Coriolis dévient les vents et amorcent une circulation tourbillonnante des masses d'air.

J'ajouterai quelques mots à propos du mécanisme de formation d'un cyclone dont certaines phases ne sont pas encore bien comprises. À la surface de l'océan, l'eau se transforme en vapeur qui s'élève dans l'atmosphère. Au fur et à mesure que cet air humide et chaud monte, il se condense pour former des nuages et de la pluie. Cette condensation libère de la chaleur qui, arrivée en altitude se transforme en énergie mécanique c'est-à-dire en un flux d'air sec qui va redescendre pour se réchauffer et s'enrichir en humidité, puis remonter à nouveau. On a un système fonctionnant en boucle, qui s'amplifie, grossit énormément et tourne sous l'action des forces de Coriolis ! Dans sa première phase d'existence, où la vitesse du vent est inférieure à 62km/h, ce tourbillon autour d'un centre de basse pression est appelé dépression tropicale. Quand la vitesse est comprise entre 65km/h et 120km/h il prend le nom de tempête tropicale, au-dessus de 120km/h c'est un cyclone tropical !

- Ses effets sont très dévastateurs !

À cette remarque de Jérôme, Jeff Campbell reste silencieux un instant puis reprend.

- Quand on n'a jamais vécu le passage d'un tel monstre on imagine mal son intensité. En mer, d'énormes vagues, dont la hauteur peut atteindre environ dix mètres - ou plus pour les cyclones les plus importants - sont générées par les vents très violents avec des vitesses qui, au minimum, sont de l'ordre de 120km/h et sont susceptibles de dépasser les 250km/h, avec des bourrasques de plus de 300km/h dans les cas extrêmes. Des pluies torrentielles accompagnent les cyclones pouvant provoquer des inondations et des glissements de terrains !

- Mais il peut ralentir et même mourir ?

- Exactement, lorsque le cyclone arrive sur les zones côtières puis pénètre dans les terres, il s'atténue rapidement car il est privé de sa source d'énergie : l'eau chaude des océans. Les vents et les pluies diminuent. Néanmoins si les zones terrestres qu'il traverse sont relativement étroites et limitées, comme une île ou une presqu'île, le cyclone peut, au lieu de mourir, se réactiver quand il retrouve les eaux chaudes de l'océan et redevenir très intense. C'est ce qui s'est passé en 2005 avec l'ouragan Katrina, il a traversé le sud de la péninsule de Floride puis s'est réactivé

au-dessus des eaux chaudes du Golfe du Mexique pour prendre la direction du nord et se diriger vers la Louisiane !
- Existe-t-il comme pour les tornades une échelle d'intensité ?
- Tout à fait, c'est l'échelle de Saffir-Simpson. Proposée en 1971 aux Etats-Unis par l'ingénieur Herbert Saffir et le météorologue Rober Simpson, elle détermine l'intensité des cyclones dans l'océan Atlantique et dans le Pacifique Nord-Est. Elle possède cinq degrés, depuis le cyclone de catégorie 1 où les dommages sont mineurs jusqu'au cyclone de catégorie 5 où les dégâts sont catastrophiques. La vitesse des vents, les dommages matériels et humains, la pression atmosphérique et l'augmentation du niveau de la mer sont pris en compte dans cette graduation.
- Ceci n'est valable que pour les océans cités ?
- Malheureusement pour les autres bassins océaniques de notre globe les échelles cycloniques sont différentes, ce qui peut prêter à confusion quand on veut comparer les cyclones.
- Encore une petite question. La trajectoire d'un cyclone dépend-elle de son mouvement ?
- En réalité on peut se le représenter comme une énorme structure complexe, en forme de spirale, avec une masse gigantesque - correspondant à son énergie totale - dont la trajectoire dépend des fluctuations du milieu environnant et de ses propres fluctuations internes.
- Pourriez-vous nous dire quelques mots des anticyclones ?
- L'anticyclone correspond à un mouvement descendant d'une masse d'air sec à l'intérieur de laquelle la pression est haute. À sa surface l'air tend à être rejeté dans toutes les directions, du fait des hautes pressions, et les forces de Coriolis initient un mouvement tournant, dans le sens des aiguilles d'une montre dans l'hémisphère nord, en forme de spirale. Comme le cyclone, l'anticyclone est une structure non linéaire très robuste dans le temps mais contrairement au cyclone, les hautes pressions et la présence d'air sec de l'anticyclone favorisent le beau temps.

Tout en décrochant son téléphone Jeff Campbell demande :
- Pour en revenir aux tornades, si cela vous intéresse je vais essayer de joindre un de nos étudiants, un fanatique de ces ondes. Il pourrait vous véhiculer dans la région et vous faire découvrir des endroits où elles ont laissé des traces et vous faire rencontrer des témoins de leur passage !
- C'est une très bonne idée ! répond Eric.

En conduisant son Van, équipé d'instruments de toutes sortes pour la chasse aux tornades, Bryan, un jeune type au visage ouvert, explique avec enthousiasme à Eric et Jérôme sa quête des tornades. Amateur dans ce domaine, depuis deux ans il traque ces ondes spirales avec deux copains, aussi passionnés que lui, en Oklahoma et dans les états voisins.

- Vous savez, dans ce domaine il faut être patient et un jour l'occasion se présente d'approcher un magnifique entonnoir tourbillonnant et impressionnant à souhait. Ces minutes où, dans un grondement infernal cette structure à la trajectoire erratique se déplace à plusieurs centaines de mètres de nous, sont inoubliables. La trouille vous étreint mais vous restez hypnotisé et fasciné devant une telle manifestation de la nature !

- Vous avez une méthode spéciale d'approche ? demande Jérôme.

- Pas vraiment, la journée commence très tôt par l'écoute des chaînes météo. Avec les ordinateurs et Internet, on prend connaissance des images satellites, des infos radar, des prévisions diverses et des endroits où les tornades ont le plus de chances de se produire. Puis, après discussion, on décide de la zone à parcourir et la traque commence. En cours de route on reste à l'écoute permanente des sources d'informations et bien sûr on observe le ciel : ses nuages, les orages en formation et les précipitations possibles.

- Et alors ?

- Il faut être patient et persévérant car la plupart du temps il ne se passe absolument rien.

- C'est plutôt frustrant !
- Non, il faut bien avoir à l'esprit que les tornades sont capricieuses, elles peuvent se produire n'importe où, n'importe quand. En plus elles ont des durées de vie variant de quelques minutes à quelques heures. Donc, comme je vous l'ai déjà annoncé, il faut s'obstiner. Puis, un jour pas comme les autres, on se retrouve face à « la bête ». C'est un instant crucial, il faut rester calme et très prudent devant ce tourbillon aux changements de direction imprévisibles où les vents violents dus à la rotation peuvent atteindre des vitesses de plusieurs centaines de kilomètres à l'heure. Ils absorbent et entraînent la terre et une multitude de débris, si le sol est brun la tornade est brun rouge, s'il est sombre elle est grise ou noire et présente un air sinistre !
- C'est une satisfaction !
- Les impressions que l'on ressent quand on est subitement confronté à une telle force de la nature, magnifique, effrayante, dangereuse et tellement éphémère, sont difficiles à décrire. Il ne faut perdre ni son sang froid, ni son temps et en profiter pour prendre des photos, filmer et recueillir un maximum de données sur le phénomène. Certains de ces renseignements pourront être utiles aux spécialistes pour comprendre la formation et l'évolution de ces tornades, ou encore pour l'élaboration ou l'amélioration des modèles mathématiques les décrivant !

À l'approche d'un hameau perdu au milieu d'une campagne infiniment plate, Bryan stoppe le véhicule et descend en invitant Eric et Jérôme à le suivre.
- Ici ! fait-il en désignant un monceau de troncs d'arbres, de branches, de pierres et de terres. La tornade a subitement bifurqué vers la droite et ravagé totalement un bois et des bosquets, laissant intact le village à part quelques toits de hangars qui se sont envolés. Les habitants n'en sont pas encore revenus d'avoir été épargnés et certains attribuent à Dieu une telle mansuétude. Puis, contente de ses facéties, la tornade a

creusé une tranchée de quelques dizaines de mètres de large avant de poursuivre sa route à travers les cultures !

- Quelle incroyable puissance, on dirait qu'une armée de bulldozers a tracé un début d'autoroute ! s'exclame Jérôme.

- Et sa zone de destruction peut s'étendre sur une distance approchant deux à trois cents kilomètres ! renchérit Bryan.

- Cet enchevêtrement chaotique de débris me rappelle certains aspects ravageurs d'un tsunami ! fait remarquer Eric.

Bryan les conduit dans différents endroits où des tornades ont laissé des traces de leur passage. Ils en profitent pour recueillir de nombreux témoignages sur ce phénomène. Alors qu'ils discutent avec un fermier dont une partie des hangars à fourrage a été dévastée, ce dernier leur raconte qu'au moment où la tornade approchait il a vu une voiture arriver et un type en descendre.

- Tout d'abord j'ai cru qu'il désirait se réfugier auprès de nous, dans l'abri en béton que j'ai construit. Eh bien non, il s'est mis à étendre les bras en direction de l'imposant entonnoir aux sinistres reflets puis il s'est agenouillé et prosterné en déclamant !

- Que disait-il ?

- Avec le bruit intense je ne comprenais pas ses paroles. Quand il n'était encore pas trop éloigné il m'a semblé, sous toute réserve, qu'il s'adressait à la tornade comme à une divinité : « les impies doivent être châtiés… vive le Maître » ! Puis il s'est remis à marcher en direction du tourbillon et je l'ai perdu de vue !

- L'avez-vous revu ?

- Le lendemain sa voiture était toujours au même endroit, mais il n'y avait aucune trace de lui, ni ici ni dans les environs. Il faut dire que la tornade a encore voyagé et a pu transporter son corps sur plusieurs dizaines de kilomètres avant de s'épuiser !

Alors que nos trois compères remontent dans le van, l'air soucieux Bryan remarque :

- Les gens sont étranges !

- Peut-être pas si étranges que ça ! répond Eric et il raconte son agression de Beaune et la référence au Maître...
En démarrant Bryan note :
- Ici aux Etats-Unis un tel comportement serait assimilé à celui d'un membre d'une secte ou d'une société équivalente, par contre dans votre pays je ne sais pas !
- Figure-toi que nous avons pensé la même chose avant de traverser l'Atlantique ! fait Eric.
- Au cours de nos chasses à la tornade nous n'avons pas eu de problème de ce genre, ça va peut-être venir.
- Peut être est-ce trop ponctuel comparé à notre chasse aux ondes en tous genres !
- En tout cas dès que j'ai des informations à ce propos je vous contacte aussitôt !
Le soir, de retour à Tulsa, Eric et Jérôme prennent congé de leur chauffeur sympathique et compétent en le remerciant chaleureusement.

Deux jours plus tard nos deux compères - qui ont quitté l'Oklahoma et traversé le Texas pour rejoindre La Louisiane - se retrouvent à La Nouvelle Orléans dans un bar à la limite du « French Quarter ». Ils dégustent des beignets en compagnie de Louis, un journaliste de métier. Eric l'a connu quand il parcourait le monde comme reporter sur les conflits armés. Louis dresse un tableau succinct de Katrina et de ses conséquences.
- La veille du 29 août 2005, jour fatidique, je viens de rentrer d'un reportage en Irak et la ville est en émoi. Le cyclone se déplace d'est en ouest après être passé au nord de Miami, au sud de la Floride, et on l'annonce comme faisant un crochet vers le nord et se dirigeant vers la ville !
- Ça n'est pas le cas ? questionne Eric.
- En réalité, nous le saurons par la suite, à 10 heures du matin il

aborde la côte à Grand Isle à 90km au sud de La Nouvelle Orléans qu'il ne traverse pas mais effleure !
- Ça a suffit ! renchérit Jérôme.
- Avant toute chose il faut savoir que cinquante pour cent de la ville se situent en moyenne en dessous du niveau de la mer, néanmoins les zones les plus peuplées sont en général plus élevées. Je fais rapidement un petit préliminaire pour vous expliquer comment on en est arrivé là.

À l'origine la ville fut construite sur les digues naturelles au sud du delta de ce grand fleuve qu'est le Mississipi, au nord elle est bordée par le lac Pontchartrain. Depuis des siècles le limon se dépose grâce aux inondations du Mississipi, c'est un phénomène naturel normal. Dans le passé, marais, marécages et îles jouaient un rôle modérateur en amortissant l'impact des cyclones qui, pendant l'été, frappaient régulièrement la région. Or, à la fin du dix-neuvième siècle il fut décidé de construire des digues artificielles pour protéger la ville des inondations du fleuve ou dues aux cyclones. La croissance de la ville stimula son expansion en direction des terrains situés dans les zones basses. Les digues furent périodiquement agrandies en largeur et en hauteur. Les inondations naturelles ne se produisirent plus et les boues fertiles ne se déposèrent plus. Il en résulta un affaissement du sol de la ville. En outre le prélèvement de matériaux sur la côte et les îles du Golfe du Mexique a facilité leur érosion, diminuant la protection qu'elles constituaient et amplifiant encore par là l'impact des cyclones.

De surcroît, la ville fut dotée de canaux de retenue ou de drainage qui sont indispensables pour rejeter, via les stations de pompage, les eaux d'inondation vers l'extérieur !

- En fait, la plupart des habitants vivent comme dans une cuvette cernée par les eaux ! avance Jérôme.
- C'est une bonne image de la situation !
- Et les perturbations dues au cyclone ont fait le reste ?
- En effet, en ce jour d'août 2005 qui est maintenant dans les annales, j'apprends, via les médias, que des vents soufflant à plus de 100km/h et

des bourrasques à plus de 200km/h balayent la côte, créant des vagues de plus de 10 mètres et une marée de tempête atteignant six mètres par endroits. Des sacs d'eau s'abattent sur la région et font monter le niveau du lac Pontchartrain. Poussées par les vents violents du cyclone, ces eaux en crue débordent et créent de multiples brèches dans les digues des canaux. Comme la ville est en contrebas, ceci provoque l'inondation de plus des deux tiers.

- À ce moment tu es rentré chez toi ?
- J'assiste à la montée des eaux depuis mon appartement situé au deuxième étage d'un immeuble qui, de plus est en zone élevée. Au début, radio et télévision nous tiennent au courant de l'évolution inquiétante de la situation. Ça ne durera pas longtemps car il n'y aura bientôt plus d'électricité

Mort de fatigue, je m'endors comme une masse. A l'aube du jour suivant je découvre l'ampleur de la catastrophe avec des hauteurs d'eau atteignant par endroits plus de quatre mètres, un des plus grands désastres dans l'histoire de notre pays entendrai-je par la suite !

- Beaucoup furent piégés par l'inondation ?
- Alors que quatre-vingt dix pour cent d'habitants avaient été évacués avant l'arrivée du cyclone, les dix pour cent restants - avec parmi eux les plus pauvres, les noirs et les personne âgées - étaient restés sur place. Certains étaient prisonniers de leur grenier ou réfugiés sur le toit de leur maison sans nourriture ni eau potable, ou encore dérivaient sur des radeaux de fortune. D'autres à l'état de cadavres flottaient sur les eaux boueuses. Partout c'était le chaos matériel et humain.

- Tu sais, ce n'est pas le même phénomène physique mais les ravages de l'inondation rappellent ceux d'un tsunami !
- Je vois. Néanmoins il ne faut pas oublier qu'à côté de l'ampleur physique du phénomène naturel un paramètre important est la vulnérabilité. Elle repose sur deux choses : d'une part la Nouvelle Orléans est insuffisamment protégée par son réseau de digues, trop fragile devant la force du cyclone, d'autre part les pouvoirs publics

réagissent avec un grand retard à cette catastrophe annoncée. Ceci a coûté plus de mille vies humaines et des dégâts matériels colossaux !
- Qu'en pense la population ? demande Jérôme.
- Même s'ils ne sont pas personnellement touchés, ils sont éprouvés par l'inondation et ses ravages et sont prêts à participer aux secours et à se battre pour redynamiser la ville !

Sérieux et graves, plongés dans le récit de cette grande catastrophe, nous sommes soudain agréablement distraits par des sonorités de jazz traditionnel. Un cornet, un sax ténor, un pianiste, un bassiste et un batteur se sont discrètement installés et jouent sur tempo lent un standard intitulé New Orleans...
- Quand je pense, reprend Louis, qu'à l'heure actuelle des agences organisent des visites pour touristes dans les quartiers populaires les plus dévastés par les inondations, ça donne à méditer... !
- Ça ne m'étonne pas ! ajoute Eric.
- L'homme a prouvé sa stupidité en modifiant considérablement l'environnement naturel de la ville, augmentant par là la vulnérabilité de ses habitants et de ses bâtiments. renchérit Jérôme.
- Tout à fait, de nombreux scientifiques insistent sur le fait que les cyclones sont des phénomènes naturels et que les catastrophes associées doivent beaucoup à la main de l'homme ! fait Louis.
- Aussi bien pour le tsunami d'Asie que pour Katrina, les pauvres et les plus déshérités ont payé un lourd tribut à ces phénomènes naturels parce que les administrations respectives n'ont pas su voir suffisamment à l'avance que des désastres se préparaient !
Des amis de Louis viennent se joindre au petit groupe et la soirée se termine dans une vaste discussion sur fond de jazz. Le lendemain en début de matinée Louis, qui a rendez-vous avec Eric et Jérôme, essaie vainement de les joindre au téléphone. La réception de l'hôtel lui fait savoir qu'ils ne sont pas encore descendus de leurs chambres. Au début il trouve ça curieux mais n'y prête pas trop attention. Néanmoins, en se

remémorant les agressions dont Eric a été victime, il est pris d'un doute et se rue vers sa voiture. Vingt minutes plus tard il arrive à l'hôtel et insiste pour qu'un membre du personnel l'accompagne dans les étages. Après avoir tambouriné sans succès sur les portes il les fait ouvrir. Les deux chambres sont vides, mieux, les lits ne sont pas défaits et, dans les salles de bains, rien ne semble avoir été dérangé. Il essaie alors sans succès de les contacter sur leurs portables. Dubitatif et inquiet, il se donne la journée pour les retrouver.

La gorge sèche, la bouche pâteuse et la tête lourde, Eric ouvre péniblement les yeux pour s'apercevoir qu'il est allongé sur un sol inégal dans l'obscurité la plus totale. Petit à petit il détecte une faible lueur, filtrant semble-t-il à travers une fissure. Il se dresse péniblement sur son séant pour dire tout haut :
- Mince, mais qu'est-ce que je fous là pieds et poings liés ?
Progressivement, ses idées se font plus claires. Il se revoit plaisantant avec Jérôme et marchant pour parcourir les quelques centaines de mètres séparant leur hôtel de l'endroit où, hier dans la nuit Louis les a déposés. Une grosse voiture a ralenti pour s'arrêter à leur niveau, par une glace baissée un des passagers leur a demandé fort poliment s'ils étaient français. A peine s'était-il penché en direction de son interlocuteur pour répondre qu'il a ressenti une odeur étrange puis a totalement perdu la notion des choses. Qu'est devenu Jérôme, a-t-il subi le même traitement ? se dit-il en essayant de se mettre complètement debout, il ne réussit pas car ses mains sont à la fois liées derrière son dos et attachées à un anneau fixé au bas du mur derrière lui.

Dans le silence et le noir quasi total il n'a aucune notion du temps, qui lui semble interminable. La soif et la faim commencent à le tenailler. Soudain, il devine un bruit, faible au départ il va en s'amplifiant. On vient ! pense-t-il. En effet une clé tourne dans la serrure et la porte grince sur ses gonds. Dans la lumière qui l'éblouit des silhouettes se profilent : deux types, deux armoires à glace, le détachent et sans ménagement le prennent chacun par un bras.

- Qui êtes-vous, où m'emmenez-vous… ? autant de questions qui restent sans réponses. Encadré par les deux gorilles au faciès amorphe, il parcourt un dédale de couloirs et locaux obscurs et vétustes pour déboucher dans une pièce au fond de laquelle trônent trois individus. Un homme de race blanche encadré d'un noir et d'un asiatique aux regards d'hallucinés sont assis derrière un bureau. On fait asseoir Eric face à ces types à la mine sinistre et sans expression. Le blanc aux yeux exorbités rompt le silence en secouant sa petite barbichette. D'une voix métallique il égrène des phrases saccadées :

- Cher Monsieur, vous traquez les ondes et c'est regrettable !
- Excusez-moi mais je ne comprends pas ?
- Une raison bien simple, cher Monsieur : elles incarnent pour nous des êtres sacrés !
- C'est votre droit !

Le petit bonhomme semble surpris et reprend son discours chaotique :

- Je suis on ne peut plus sérieux, et le simple fait de douter de ma parole peut vous coûter cher !
- Je ne fais que recueillir des informations et des explications sur des manifestations de la nature, quel mal à ça ?
- Justement, vous cherchez à interpréter la nature de manière erronée. Notre ordre exècre et abhorre ce genre de comportement, il châtie les gens comme vous !
- Vous plaisantez, et les scientifiques alors ?
- Ils subiront le même sort !
- Mais vous êtes complètement fou ! hurle Eric en perdant son calme.

Le barbichu pâlit mais prend un air détaché. Alors ses deux acolytes prennent la parole chacun à leur tour pour expliquer calmement à Eric qu'il doit cesser ses agissements sacrilèges pour réfléchir et se convertir à cet ordre nouveau. Il a quelques jours pour y penser. Atterré par cet obscurantisme primaire, Eric essaie de parlementer mais on ne lui prête plus attention, la discussion est close… Sur un signe impératif du barbichu les deux colosses le reconduisent sans ménagement dans sa cellule où, quelques minutes plus tard un troisième colosse, à l'air aussi éveillé que les deux autres, lui apporte une bouteille d'eau et une tranche de pain accompagnant une sorte de brouet dans lequel flottent quelques éléments consistants. Assoiffé et affamé, il se jette sur la boisson et les aliments. Puis il en profite pour repérer les lieux : la pièce ne dispose que d'une seule porte juste en face de lui. Après avoir dévoré rapidement son frugal repas il se sent à nouveau d'attaque, il en a vu d'autres, maintenant il lui faut sortir de là le plus rapidement possible.

Patiemment, il se redresse puis s'accroupit plusieurs fois et tire sur ses bras pour tester ses liens et distendre les noeuds. A force de patience, après deux bonnes heures il sent un léger relâchement dans la corde de nylon enserrant ses poignets, lentement il les presse contre une aspérité qu'il a détectée dans le mur. Petit à petit un nœud se détend et, grâce à une succession de contorsions, il réussit à détacher ses mains. Délier ses chevilles est alors un jeu d'enfant.

Sans bruit il fait le tour de sa geôle tout en palpant les parois, il retrouve facilement la porte et sa serrure. D'une de ses doublures de pantalon il extrait un petit stylo bille qui a échappé à la fouille. Avec précaution, du tube à encre il sort délicatement une petite tige métallique terminée par un méplat qu'il transporte toujours avec lui, elle lui a déjà servi à se sortir de maintes situations critiques. Très concentré il s'applique alors à tester le mécanisme de la serrure. Dix minutes plus tard un léger déclic lui signale que la porte est prête à s'ouvrir.

Satisfait de son résultat, il quitte sans regret sa cellule et se lance à la recherche de Jérôme. Prudemment, il commence d'explorer systématiquement, grâce à la lumière faible mais suffisante, diffusée par l'éclairage de la rue, l'enchevêtrement de couloirs et de pièces de cet immeuble apparemment inoccupé. Une heure plus tard n'ayant rien trouvé il se décide à quitter cet endroit sinistre. Il ne lui faut pas longtemps pour gagner la sortie et déboucher dans une rue relativement calme. Sa montre indique une heure du matin, il a été enfermé pratiquement vingt-quatre heures.

Après un trajet en taxi, par précaution il demande au chauffeur de le déposer derrière son hôtel. Il y pénètre par une porte de service et grimpe à l'étage par un escalier de secours. N'ayant pas de clés, il frappe plusieurs fois à la porte de la chambre de Jérôme, pas de réponse... Il se décide alors à téléphoner à partir de l'appareil public du couloir.

- Allo, Louis... ! Plusieurs secondes passent, puis un déclic rassurant se fait entendre :

- Allo oui, ah... c'est toi, mais tu... ? viens me rejoindre, d'accord !

Une demi-heure plus tard en arrivant chez son ami, Eric est agréablement surpris de retrouver Jérôme.

- Ça fait plaisir de vous revoir les gars ! dit-il en leur donnant une tape amicale sur l'épaule. Puis il raconte les péripéties de sa détention.

- Tu t'en es bien sorti !

- Pas mal, et toi Jérôme ?

- Quand, après t'avoir endormi avec le gaz d'une bombe, ils t'ont embarqué dans la voiture, je suis resté comme paralysé pendant environ une seconde : un temps me paraissant infiniment long. Deux autres types ont bondi dans ma direction. Sans réfléchir j'ai allongé le pied dans le bas ventre du plus avancé, il a accusé le coup en se cassant en deux, j'en ai profité pour lui en allonger un deuxième sous le menton et pour détaler. Avec le second type sur les talons je me suis engagé dans une petite rue perpendiculaire déclenchant un concert d'avertisseurs parmi les voitures que j'évitais en zigzaguant. Mon poursuivant, pourtant plus lourd que moi perdait très peu de terrain. Je me ruai dans une petite cour, grimpai un escalier pour déboucher dans un couloir où des femmes en tenue très légère fumaient et riaient. Nécessité oblige, j'en bousculai quelques-unes qui, malgré

mes excuses, m'invectivèrent copieusement, des péripatéticiennes me dis-je. A l'étage au-dessus j'ouvris au hasard la porte d'une chambre où un couple s'esbaudissait..., j'en sortis par la fenêtre et me laissai glisser le long d'un tuyau pour atterrir sur une terrasse en contrebas puis parcourir une vingtaine de mètres et grimper en quatrième vitesse les barreaux d'une échelle de secours. Je débouchai alors sur une autre terrasse, alors que mon poursuivant émergeait de la fenêtre. Il est coriace ce salopard pensai-je en ouvrant une porte donnant sur un escalier que je dévalai comme un bolide pour arriver à nouveau sur un couloir dont les extrémités donnaient chacune sur une rue. Au lieu de me diriger vers une des deux sorties je pris à droite, puis encore à droite pour entrer dans un petit réduit encombré d'un tas d'objets hétéroclites, peut-être des débris résultant de Katrina, derrière lesquels je me faufilai. Recroquevillé sous un emballage en plastique, je ne bougeai plus. Quelques secondes passèrent et j'entendis des bruits de pas, on allait et venait dans le couloir. Le silence se fit pendant un bon moment et, alors que je m'y attendais le moins et allais me décider à quitter ma cache, la porte du réduit s'ouvrit brutalement et une voix légèrement essoufflée s'exprima :
- Il est peut-être planqué dans ce fatras !
- Tu crois ? moi je pense qu'il s'est barré par l'autre sortie ou alors il est caché dans les étages supérieurs ! répondit une autre voix, certainement celle du gros type dont j'avais chatouillé le bas ventre. Tout en s'éclairant d'une lampe torche ils se mirent à farfouiller dans l'amas d'objets, en déplacèrent quelques-uns puis abandonnèrent la partie. Soulagé, j'attendis longtemps avant de sortir du réduit. Par précaution je remontai sur la terrasse et observai chacune des rues : sur chaque trottoir faisant face aux sorties les types étaient là montant imperturbablement la garde.
- Ce sont des coriaces ! me dis-je et j'explorai la terrasse pour finalement trouver un escalier étroit. Il finissait dans une petite cour attenant à une salle dans laquelle régnait une activité intense. Un

orchestre de jazz jouait Royal Garden Blues, un vieux classique, des gens dégustaient des mets variés, d'autres dansaient frénétiquement. Je jugeai bon de me mêler à cette foule pendant un certain temps, histoire de décourager mes poursuivants. Voyant mon air un peu égaré, un groupe de jeunes femmes et d'hommes me firent spontanément de la place et m'invitèrent à m'asseoir à leur table. J'acceptai volontiers.

Dans cette chaude ambiance, je fis rapidement connaissance avec cette sympathique équipe et oubliai pour un moment mes ennuis. Au fil de la soirée je me retrouvai souvent sur la piste de danse avec une charmante brune aux yeux bleus et au corps parfait, tant et si bien que - je ne sais par quelle ironie du sort, peut-être pour échapper aux deux hommes de main - le lendemain matin je me réveillai à ses côtés dans son petit appartement. Voilà mon histoire, elle est toute simple !

L'air hilare, Eric fait remarquer :

- Elle est d'une simplicité enfantine et tient du roman policier. Quand même tu ne te débrouilles pas mal pour troquer deux balèzes agressifs contre une charmante jeune femme !

- Tu sais Eric, c'est le hasard !

- J'en conviens, et il fait vraiment bien les choses !

Louis reste silencieux mais jubile en entendant ces explications, puis intervient :

- Sachez que j'ai prévenu la police, nous allons de ce pas leur rendre visite.

Une demi-heure plus tard un inspecteur les reçoit aimablement et complète les informations que Jérôme leur a déjà fournies. Ce dernier lui dresse un rapide résumé de l'évolution de la situation depuis le début de son reportage.

- D'après vos dires, il est probable que nous ayons affaire à une secte et je doute que l'enquête débouche rapidement sur des résultats, enfin restons optimistes ! conclut le policier.

L'après-midi un copain de Louis, pilote d'hélicoptère, leur fait survoler la ville tout en donnant des explications sur les zones sinistrées. De cette manière ils auront une vue d'ensemble de la trajectoire du cyclone, de l'inondation et de ses ravages.

- Les quartiers, constitués en grande partie par des villas et bungalows de plain pied, ont été envahis en quelques heures par l'eau, ils ont payé un lourd tribut. Les grands immeubles dont nous approchons n'ont bien sûr été touchés qu'à la base !

- Et ça c'est le fameux super dôme ? demande Jérôme.

- En effet, cet immense bâtiment en forme de soucoupe volante, où ont lieu les grandes compétitions sportives ou les grandes manifestations musicales par exemple, est bien le super dôme. Il a servi d'hébergement à plusieurs dizaines de milliers de réfugiés dans des conditions de promiscuité et d'hygiène abominables !

- C'est vraiment incroyable ! ajoute Jérôme.

- C'est la vérité. Il y en a qui sont morts là-dessous, d'autres ont tout perdu, d'autres encore ont erré pendant des jours en essayant de quitter la ville, mais ils ont été repoussés par les autorités. Dans ce pays avec de très puissants moyens, l'effort officiel a été en-dessous de tout, surtout pour les pauvres et les noirs.

6. Ondes cardiaques, de foule, et de combustion

Arrivés à Montréal en début de soirée, ils se dégourdissent les jambes en arpentant la rue Sainte Catherine, l'artère très commerçante et vivante de la ville. Au départ cette grande ville du Québec n'était pas prévue comme destination. Solitonus, le professeur bourguignon avec lequel Eric échange régulièrement des courriers électroniques, lui a conseillé de faire un crochet par le Canada et de le prolonger par le sud de la France :

- Avec les tornades et les cyclones, Jérôme et toi vous avez vu deux aspects à grande échelle des ondes spirales, il serait intéressant que vous passiez par Montréal voir Albert Gelle professeur à l'université. Je viens de correspondre avec lui, il vous recevra avec plaisir. Vous pourrez vous initier aux propriétés de ces ondes, à une échelle infiniment plus petite. Ceci étant dit, il serait intéressant qu'à votre retour cette parenthèse canadienne se prolonge par une visite à Nice où une équipe dynamique fait des travaux originaux sur les ondes spirales cardiaques !

À la fois pour tromper l'ennemi qui rôde et se partager la tâche, nos deux compères ont décidé de se séparer. Le lendemain matin, au dernier moment Jérôme a pris l'avion pour Nice tandis qu'Eric s'est rendu à l'université. Il se retrouve dans le bureau du professeur canadien, un homme à l'air rêveur et au regard doux qui, après les civilités d'usage, entre tout de suite dans le vif du sujet en insistant sur certains aspects des ondes :

- Dans de nombreux domaines de la nature, les ondes, qu'elles soient à la surface de l'eau ou d'origine sismique, sont initiées par une perturbation en un endroit du globe terrestre. Elles se propagent de manière dite balistique ou passive, cela signifie qu'une fois créées elles continuent sur leur lancée. En réalité, elles ne peuvent pas durer infiniment : du fait de la dissipation, même faible, elles perdent progressivement leur énergie, elles ralentissent, s'étalent et finissent par disparaître !

- La viscosité de l'eau est petite et par conséquent la dissipation d'énergie est faible dans l'eau ?

- Parfaitement, aussi petite soit-elle, sur des temps de propagation de l'onde suffisamment longs, et donc sur de grandes distances, elle jouera un rôle d'amortissement. Ça prendra le temps qu'il faut, je le répète, mais l'onde finira par diminuer d'amplitude et mourir. Ce phénomène physique de dissipation - aussi dénommé friction ou diffusion - ne doit pas être confondu avec la dispersion, un phénomène différent dont on vous a déjà parlé. Dans ce dernier cas la force de gravitation remet tout à plat, elle est responsable de l'étalement des ondes et limite leur durée de vie.

Un deuxième grand type d'onde passionne les chercheurs. Il existe quand le processus physique de dissipation est compensé par un apport permanent d'énergie, dans ce cas les ondes peuvent se propager longtemps sur de grandes distances.

- Effectivement au cours de nos récentes pérégrinations nous avons vu que certaines d'entre elles, comme les ondes spirales tournantes du type tornade ou cyclone, ne peuvent exister qu'en prélevant naturellement à chaque instant de l'énergie, initialement sous forme thermique, au milieu environnant qui, dans ces conditions est dit actif !

- C'est exact, quand elle dépasse un certain seuil une impulsion initie une onde d'activité qui se propage dans le milieu excitable. Alors que chaque élément du milieu est progressivement excité au-dessus de son état de repos il entraîne ses proches voisins à faire la même chose, soit à basculer par-dessus le seuil. Ce processus est limité par le coefficient de diffusion qui, comme nous l'avons vu, est une propriété passive du milieu, et par la vitesse de franchissement du seuil qui est une propriété active du milieu.

- Est-ce courant ?

- Oui, ces ondes associées à l'activité d'un « milieu excitable » peuvent prendre naissance naturellement dans une large variété de systèmes biologiques, physiologiques ou chimiques.

Probablement, le système le plus étudié correspond aux oscillations de couleur générées dans la réaction chimique de Belousov- Zhabotinskii - dénommée ainsi en honneur à Boris Belousov qui a mis en évidence ce phénomène dans les années cinquante et Zhabotinskii qui l'a redécouvert au début des années soixante - elles correspondent à des variations de concentrations des différents constituants chimiques.

En passant je vous cite aussi le cerveau. Ce système éminemment complexe peut être le siège d'ondes spirales électrochimiques, correspondant à une dépression ou à une crise d'épilepsie, diffusant et tournant autour d'une lésion du cortex cérébral !

- C'est fascinant !

- Effectivement, dans ce contexte je mets maintenant l'accent sur l'aspect ondes spirales dans le tissu cardiaque !

- Les ondes sur lesquelles vous faites des recherches ?

- Tout à fait, c'est un problème d'une importance vitale. Il faut savoir que dans le monde des centaines de milliers d'individus meurent chaque année de crise cardiaque. Le muscle cardiaque est constitué d'un ensemble, ou d'un réseau, de cellules dans lequel des impulsions électriques circulent régulièrement. Le tissu cardiaque peut être considéré comme un milieu réactif ou excitable : en réponse à ces impulsions, dues aux mouvements intracellulaires des ions, les cellules cardiaques se contractent. Plus précisément, quand la tension électrique aux bornes d'une membrane cellulaire atteint sa valeur adéquate, ou valeur de seuil, la cellule réagit. En fait la diffusion de l'activité électrique dans le tissu cardiaque est comparable à celle d'un feu de forêt si un nombre suffisant de cellules voisines (les arbres) est excité !

- Franchement, je ne m'attendais pas à une telle comparaison !

- C'est ce qui fait la beauté de la physique et de son langage : les maths !

- J'en conviens ! Sourire aux lèvres Albert Gelle reprend ses explications.

- Dans un cœur en bonne santé, les impulsions électriques balayent périodiquement, à chaque seconde environ, le tissu cardiaque sous forme d'une onde de tension électrique d'excitation de forme douce et régulière. Elle permet d'exciter de manière synchrone le mouvement de pompe, appelé systole, des cellules du muscle cardiaque. Le cœur bat normalement et l'électrocardiogramme, représentant graphiquement l'évolution du potentiel électrique commandant l'activité musculaire du cœur, est régulier !

- Vous me permettez une petite parenthèse ?
- Je vous en prie !
- Si je compare au cas de la tornade, où l'énergie thermique se transforme en énergie mécanique, ici c'est l'énergie électrique qui est convertie en énergie mécanique ?
- Parfaitement !
- Dans certains cas il arrive que ces ondes se désorganisent ?
- En effet, l'excitabilité normale du cœur est perturbée pour différentes raisons, sa vulnérabilité augmente. Par exemple dans le cas de systole irrégulière - c'est-à-dire de fibrillation ventriculaire représentant une forme dangereuse d'arythmie -, les cellules du muscle cardiaque se contractent de manière non synchrone ou désordonnée et la pompe s'arrête. Si on ne dispose pas d'un défibrillateur - un appareil permettant d'appliquer, au moyen d'électrodes, une importante tension électrique au cœur de 5000 volts maximum sous un courant de 20 ampères- dans le but de synchroniser à nouveau ses battements, c'est la catastrophe et la mort se produit en quelques minutes.

En réalité, dans le processus de fibrillation certaines cellules cardiaques sont devenues déficientes, par exemple à l'issue d'une précédente attaque cardiaque. La présence d'une de ces régions nécrosées est synonyme de défaut, elle favorise la création d'une onde anormale sous forme d'une spirale se déplaçant ou s'accrochant à l'obstacle et tournant sur place - de manière générale en physique on sait qu'une spirale peut se former à partir de l'interaction d'un front d'onde continu avec un obstacle - elle empêche l'existence des ondes

normales exactement comme un tourbillon nuit à la régularité de l'écoulement fluide d'une rivière. Pire encore, en interagissant avec un obstacle, une spirale unique peut se décomposer en de multiples autres spirales initiant par là une évolution chaotique !
- Alors, l'électrocardiogramme devient irrégulier ?
- Oui, les pulses ne sont plus périodiques et la situation peut dégénérer en catastrophe pour le patient !
- Une telle situation peut-elle être induite par une autre cause ?
- Oui, par certains médicaments !

Cette initiation aux secrets des ondes cardiaques se poursuit le soir dans un petit restaurant du Vieux Port où Albert Gelle a invité Eric à déguster du homard. Ils l'ont accompagné d'un vin blanc californien fort fruité et au bouquet subtil. À la table voisine un couple d'Américains a commandé le même plat, mais ils badigeonnent méticuleusement leurs crustacés de ketchup et accompagnent leur festin de Coca Cola... Eric se dit qu'il n'est pas étonnant que des hérésies gustatives de ce type se prolongent parfois par un beau chaos d'ondes spirales cardiaques... !

La conversation dévie sur les problèmes rencontrés par nos amis au cours de leurs investigations. Albert Gelle n'en revient pas mais ne prend pas la chose à la légère :
- Il ne faut pas sous-estimer ces fanatiques à l'esprit dérangé. Il est important de connaître la structure et l'état d'organisation actuels de leur société, ou de leur secte, et leurs moyens d'actions. Ils peuvent dramatiquement nuire à la science et aux collectivités humaines !
- Pour l'instant, d'après ma propre expérience, je suis incapable de me faire une idée de leur potentiel et de l'étendue de leurs ramifications !
- Personnellement, je pense qu'il faut, dès maintenant, mettre au courant très discrètement une majorité de collègues impliqués dans des recherches sur les ondes, et leur recommander d'être sur leurs

gardes et de noter les faits bizarres ou les actions étranges qu'ils peuvent rencontrer !

- C'est une bonne idée !
- J'en prends l'initiative, je vais commencer dès aujourd'hui et vous tiendrai au courant !
- Fort bien, venant de vous ça n'en aura que plus de poids !

Après avoir longuement discuté d'une stratégie les deux hommes se quittent assez tard dans la nuit.

Deux jours plus tard, dans le calme de la grande maison de Beaune, Jérôme, crayon-feutre à la main, raconte à Eric son entrevue avec deux sympathiques chercheurs d'un institut de recherche de Nice.

- J'ai été fort bien reçu, ils m'ont clairement expliqué leurs récents travaux sur le contrôle des ondes cardiaques !
- Merci pour tes explications !
- Je ne te promets rien mais je vais essayer d'être le plus clair possible. Donc, comme te l'a déjà expliqué Gelle, la dangereuse arythmie cardiaque prend la forme d'ondes spirales d'excitation électrique se propageant dans le cœur. Ces ondes peuvent s'accrocher aux défauts ou obstacles correspondant à la présence de zones mortes ou hétérogènes. Les « Niçois » ont proposé de détruire ces dangereuses spirales en initiant sélectivement des « contre spirales » au niveau de chaque obstacle où elles sont accrochées. Je te passe les détails mais leur méthode est avantageuse car elle nécessite des tensions beaucoup plus faibles que pour la défibrillation globale. Par conséquent elle traumatise beaucoup moins le patient et est moins dangereuse pour son cœur lui-même. Leur astucieuse technique a été vérifiée expérimentalement sur le cœur d'un rongeur.

Récemment ils l'ont perfectionnée et proposent de contrôler la situation de chaos cardiaque en jouant électriquement sur le nombre et la position des nombreuses spirales présentes simultanément. Leur approche cible ces spirales nocives. Elle ne nécessiterait que des tensions électriques beaucoup plus faibles, d'un facteur cent ou mille !

- Tout se passe comme s'il y avait des microélectrodes virtuelles au niveau de chaque défaut où une spirale s'est fixée ?
- Super, tu as parfaitement compris !
- Tu as l'air surpris en disant ça !
- Pas du tout, loin de moi cette pensée impure, je suis impressionné par ta rapidité d'esprit !
- N'en rajoute pas trop Jérôme !
- Je change de sujet mais ta maison a-t-elle été visitée pendant notre absence ?
- Eh bien non. À ce propos Gérard Tastetout, le commandant a commencé son enquête mais il n'a rien trouvé quant aux traces de l'individu et à l'existence d'une société secrète ou d'une secte dans la région. En liaison avec Aline à Paris, il va étendre ses investigations à tout notre pays. D'autre part je te rappelle que demain nous allons à Dijon faire le point de la situation avec Solitonus à qui j'ai transmis régulièrement, par e-mail, les comptes rendus de nos pérégrinations ondulatoires !

Dans son bureau envahi par la paperasse Solitonus, dont la tête émerge à peine derrière des piles de bouquins et de documents en tous genres, se gratte pensivement le front tout en accueillant chaleureusement ses visiteurs. On dirait qu'une mini tornade a traversé son bureau se dit Jérôme en se gardant bien d'exprimer ses pensées à haute voix.
- Alors ce voyage ?
- « Ondulatoirement » impeccable. Autrement, quelques problèmes ! répond Eric.
- Je m'en doute, mais ils ne sont pas directement de mon ressort !
- Si tu veux on en parlera après !
- Tout à fait d'accord, la science avant tout. J'ai lu tes messages et suis en mesure de faire une petite récapitulation. Au registre des ondes à la surface de l'eau on recense :
• les vagues de houle s'étant formées à des milliers de kilomètres de la plage où tu les chevauchais allègrement,

- les vagues scélérates prenant naissance sous l'action du vent sur l'océan, elles peuvent devenir gigantesques et extrêmement dangereuses,
- le mascaret, cette onde de choc qui fait la joie des surfeurs et des riverains quand elle remonte certaines rivières,
- la crue éclair, un autre type d'onde de choc dévalant les torrents,
- la lave torrentielle, une sorte de crue éclair charriant moult débris,
- le tsunami, une onde de translation ravageuse.

Si l'on ajoute à cela les ondes sismiques, la tornade et le cyclone - qui sont des ondes spirales destructives - et les ondes spirales du tissu cardiaque, toutes ces ondes sont non linéaires. Elles transportent une quantité d'énergie pouvant atteindre une valeur colossale et peuvent se propager sur de grandes distances !

- Tu oublies le soliton ?

- Pas du tout je l'ai gardé pour la fin. Par ses propriétés remarquables, tout particulièrement sa grande durée de vie et sa robustesse, le soliton peut être, de par son concept, considéré comme le chef de file de cette catégorie d'ondes !

- Comme l'a exprimé Albert Gelle, par cette catégorie d'ondes tu sous entends les ondes qui, une fois créées se propagent balistiquement !

- Exactement, par exemple quand tu lances une boule de billard tu lui communiques une certaine quantité d'énergie, comme l'onde elle voyage pour finalement s'arrêter du fait de l'énergie qu'elle dissipe par frottement dans son environnement c'est-à-dire sur le tapis et dans l'air !

- S'il l'onde perd peu d'énergie elle va voyager longtemps et sur une grande distance !

- Oui, et comme la viscosité de l'eau et celle de l'air sont très faibles, sur des distances pas trop longues, on peut négliger la dissipation ou la traiter comme une infime perturbation. Dans le cas d'approximation non dissipative la modélisation, ou représentation mathématique du phénomène à partir des équations générales de la mécanique des fluides se traduit par une équation non linéaire.

Quand on sait la résoudre cette équation - qui s'exprime souvent sur un quart de ligne de texte - admet des solutions sous forme d'ondes avec une certaine amplitude, pouvant se propager à une vitesse donnée !
Jérôme ajoute :
- J'ai toujours été étonné par le fait qu'une équation si concise contienne autant d'informations !
- C'est vrai, ça traduit l'efficacité et la beauté des maths. Néanmoins, il faut préciser que, contrairement au cas des équations linéaires, on ne dispose pas de méthodes systématiques pour en rechercher les solutions. Souvent on utilise l'ordinateur qui, en tenant compte des paramètres de l'équation, permet de simuler numériquement la génération et la propagation d'une onde créée par une perturbation initiale.
Maintenant si la dissipation est un processus non négligeable, l'onde s'amortit très rapidement et présente une durée de vie très faible. Par contre si le milieu est à la fois dissipatif et excitable, je reviens sur le processus dont Gelle t'a déjà parlé Eric, c'est une deuxième catégorie d'onde !
- Peux-tu m'expliquer à nouveau ce qu'est un milieu excitable ? demande Eric.
- Un milieu est excitable ou réactif si une perturbation initiale ou un stimulus peut atteindre une amplitude suffisante, supérieure à un certain seuil d'énergie et peut initier une onde qui va se propager à travers ce milieu !
- Je commence à comprendre. Tu veux dire que tant que le seuil n'est pas franchi la diffusion l'emporte et l'onde s'amortit très rapidement. Par contre dès qu'il est franchi, de l'énergie est fournie au système et compense la dissipation permettant ainsi à l'onde de se propager !
- C'est ça, on a un équilibre entre diffusion et effet non linéaire, c'est-à-dire réaction avec franchissement du seuil, ces deux ingrédients de base peuvent se compenser dynamiquement et engendrer un processus de propagation caractérisé par une onde voyageant à une vitesse unique et de grande durée de vie !

- Mais alors cette onde où ce n'est plus la dispersion mais la dissipation qui compense la non linéarité correspond à un nouveau genre d'onde solitaire ou de soliton ?
- Parfaitement, je vois que tu progresses. Certains l'appellent soliton dissipatif !
- Dénomination représentant une extension de la notion de soliton classique qui est uniquement valable pour les systèmes où la dissipation d'énergie est faible ou négligeable ?
- Tout à fait, c'est une généralisation du concept de soliton aux systèmes dissipatifs. Elle sous-entend robustesse de l'onde localisée et grande durée de vie, comme la tornade et le cyclone : des ondes spirales destructives. De telles ondes peuvent exister dans de nombreux systèmes excitables, ou de réaction diffusion, que l'on trouve dans la nature. Gelle t'en a cité plusieurs et tu as vu en détail avec lui l'exemple du tissu cardiaque.

Tout d'abord considérons, pour simplifier et éclairer ta lanterne, la combustion d'une bougie. Dans ce cas classique la chaleur de la flamme diffuse dans la cire et la vaporise au rythme nécessaire pour alimenter en combustible la flamme elle-même. En d'autres termes la flamme digère l'énergie au rythme où elle est absorbée, cet équilibre dynamique impose une vitesse constante de propagation de la flamme c'est-à-dire de l'onde de combustion !
- C'est un phénomène d'apparence simple mais magnifique !
- Il a été étudié en 1910 par Michael Faraday, un physicien et chimiste britannique surtout connu pour ses travaux sur l'induction électromagnétique et l'électrolyse !
- À cette époque ils s'intéressaient à tout !
- D'autant plus que Faraday était un autodidacte : il avait abandonné l'école à quatorze ans. Pour en revenir à la chandelle je fais remarquer que le front de flamme se propage le long de la mèche soit en fait à une seule dimension d'espace. Par contre, à titre de comparaison, dans une prairie un front d'incendie se propage suivant deux dimensions

d'espace c'est-à-dire dans le plan. Dans une forêt réelle à trois dimensions d'espace il faut tenir compte de la combustion verticale le long des arbres. L'incendie se propage à partir d'une litière sèche et d'arbres desséchés, constituant les cellules élémentaires excitables.

J'en viens maintenant à mon deuxième exemple, celui de l'onde de foule souvent appelée « La Ola » - un terme signifiant l'onde en espagnol - elle est parfois dénommée Onde Mexicaine. Déjà mentionnée en 1970, elle est devenue célèbre en 1986 pour la coupe du monde de football à Mexico. On peut observer cette onde dans un stade ou à défaut à la télévision.

- Avec les hurlements des spectateurs et l'ambiance souvent survoltée, c'est beaucoup plus impressionnant dans la réalité, on vit vraiment l'événement, la télévision ne donne qu'une image fade du processus !

- Tu as raison Jérôme, ton avis concorde avec tout ce que l'on m'a raconté. Donc, cette onde est initiée de la manière suivante : des gens se mettent debout avec les bras en l'air, c'est un état où ils peuvent être considérés comme actifs, puis ils se rassoient et redeviennent passifs. Alors, ce sont leurs proches voisins qui font la même chose et ainsi de suite... De proche en proche un mouvement de foule se propage de manière synchronisée et rythmée. Notez que l'attitude active, ou réactive, de chaque individu apporte localement de l'énergie à l'onde.

Des scientifiques hongrois et allemands se sont intéressés au comportement collectif de la foule et donc à cette vague humaine haute en couleurs. Précisément ils ont analysé des enregistrements vidéo effectués au cours de matchs de foot dans plusieurs stades contenant plus de 50000 spectateurs. Puis ils ont construit un modèle mathématique semblable à celui utilisé pour un milieu excitable : les individus interagissent de proche en proche et se comportent comme des entités actives, couplées, véhiculant l'information - c'est-à-dire assis bras ballants ou debout bras levés - de siège en siège et de travée en travée. Trêve de discours il est temps de passer à la pratique !

- À la pratique ? font en chœur Eric et Jérôme.

- J'ai retenu des places pour demain soir à Paris ! fait Solitonus en exhibant trois billets pour une rencontre entre deux équipes de club français de football de ligue un !
- Toi, te rendre à un match de foot ? tu me surprendras toujours !
- La science oblige, figure-toi !
- C'est sympa !

Plein à craquer et impressionnant, le stade de France bourdonne comme une ruche, la rencontre est commencée depuis une bonne vingtaine de minutes lorsque nos amis s'installent au milieu de la tribune supérieure. Ils ont une vision globale de l'enceinte et un champ de vision confortable. Noyés dans l'impressionnante foule multicolore des spectateurs et des supporters ils arrivent tout juste à communiquer tant l'ambiance, ponctuée d'applaudissements, de hurlements, de sifflets, de rugissements de trompes acoustiques, de cloches, de grelots... est intense et bruyante.

Quelques départs d'ondes ont déjà eu lieu mais ils se sont rapidement amortis sur de courtes distances. Puis des ondes robustes, s'étendant sur une largeur de plusieurs sièges sont clairement identifiées. Elles ont fait plus d'un tour de stade, Eric les a systématiquement suivies avec sa petite caméra numérique.

- Regardez, celle-là a bien démarré et je pense que vous avez noté que l'onde se forme bien quand les spectateurs prêtent plus attention à leurs voisins qu'au déroulement du match !
- Ce n'est pas flatteur pour les joueurs mais ça signifie que le couplage entre voisins joue un rôle prépondérant !
- En effet Jérôme c'est un point important. Il est d'ailleurs remarquable que l'on puisse considérer des êtres humains comme excitables au sens physique du terme !
- Dans le cadre du modèle élaboré par les chercheurs, chaque personne occupant un siège représente une cellule élémentaire d'un milieu excitable. En présence d'un stimulus externe plusieurs cellules peuvent

simultanément se mettre en action : plus le stimulus est important mieux elles répondront en surmontant l'effet de seuil. Ainsi l'onde de foule sera initiée et les cellules passeront successivement par les trois états suivants :

Premièrement, la phase assise correspondant à l'état de repos. Deuxièmement, la phase active où, une fois stimulée, la personne se lève (franchissement du seuil) en dressant les bras. Troisièmement, le retour à la phase assise !

Jérôme suit attentivement la naissance et la propagation d'une nouvelle onde et déclare :

- J'ai compté qu'il faut qu'environ quinze à vingt personnes se lèvent simultanément pour initier une nouvelle onde !

- Ça colle à peu près avec ce que prévoit le modèle ! fait Solitonus.

- J'estime sa vitesse à un peu plus de seize sièges à la seconde et sa longueur à une douzaine de sièges !

- Oui, c'est pas mal non plus !

L'œil rivé au viseur de sa caméra Eric filme avec application l'onde de foule qui, dans un mouvement rythmé et bien synchronisé, roule comme une vague et s'éloigne après être passée à proximité. Soudain, sa caméra lui est brutalement arrachée des mains, l'auteur du coup, un jeune type brun au teint blafard, se rue vers l'allée montante pour disparaître en direction d'un escalier. Après quelques secondes d'hésitation, Eric se lance à la poursuite du malfaiteur en hurlant :

- Mais ces tarés ne nous laisseront jamais tranquilles !

Jérôme a suivi la scène, il bondit comme un fauve pour enjamber rapidement plusieurs sièges et contourner l'endroit où ils étaient assis, de manière à couper la route au fuyard. Ce dernier se rue vers le tunnel de sortie mais il ne s'est pas aperçu que Jérôme est sur ses talons car il regarde du côté d'Eric. Profitant de son avantage, Jérôme fond sur le voleur comme un rapace et le ceinture instantanément. Ceci l'empêche de laisser tomber la caméra avec son précieux contenu. Eric arrive aussitôt et récupère l'objet du délit. Il est tellement furieux qu'il secoue

151

le type dans tous les sens en l'apostrophant et il lui assène une paire de claques si violentes qu'il titube. Puis il le bouscule jusqu'à le faire entrer de force dans des toilettes.

- Qui t'envoie ? Réponds vite sinon on te transforme en descente de lit ! gronde Eric en continuant de le malmener. Il semble tellement déchaîné et prêt à tout qu'au bout de quelques minutes de harcèlement le type affolé finit par craquer :
- Le Maître !
- Précise !
- Je reçois ses instructions
- Comment ?
- Par e-mail !
- Pourquoi ?
- Pour harceler les hérétiques !
- Les hérétiques ?
- Les gens qui ne respectent pas les êtres sacrés !
- Les êtres sacrés ?
- Oui, ceux que nous vénérons !
- Ah bon ?
- Ils sont présents partout !

La lumière s'éteint, une bousculade se produit : Jérôme est projeté à terre tandis qu'Eric prend un coup sur la tête. Le temps qu'ils reprennent leurs esprits avec le retour de la lumière, le jeune trouble-fête a joué la fille de l'air. Hébétés, les deux amis se regardent :

- Jérôme, surtout ne dis rien, je pense comme toi !
- Oui, et c'est bien la réalité, ses comparses nous ont roulés dans la farine. Heureusement, ils n'ont pas réussi à s'emparer du camescope !

Alors que le match tire à sa fin Solitonus esquisse un sourire en les voyant revenir et dit :

- À voir vos têtes, il y a un problème !

Après avoir pris connaissance de leurs déboires il déclare :

- Pour vous suivre à la trace partout où vous allez ils bénéficient probablement des fraternités occultes d'un réseau assez vaste. À mon humble avis, comme Eric m'en a fait part, je ne suis pas surpris que pour eux les ondes représentent des êtres sacrés !

- Il y a des chances, car d'autre part ça colle avec la suite de mots : GENERATION, PROPAGATION DEVASTATION et DISPARITION, que nous avons décryptés ! ajoute Eric.

Une heure plus tard Aline, la compagne d'Eric, accueille les trois amis dans son petit appartement parisien où ils font le point de la situation. Solitonus donne quelques précisions sur l'onde de foule.

- Il faut bien comprendre que cette notion de seuil est fondamentale : dès qu'il est franchi la propagation de l'onde est initiée. Vous avez déjà rencontré cette notion à propos des ondes cardiaques. Comparez aussi avec un autre système excitable comme un feu de forêt : il couve et dès qu'un certain seuil est dépassé il démarre d'un seul coup puis s'étend ! C'est aussi le cas d'une onde d'épidémie qui correspond au développement d'une épidémie dans l'espace et le temps !

- Regardez, La Ola est générée et se propage quand plus de vingt à trente personnes se lèvent en même temps et constituent un bloc suffisant d'initiateurs pour dépasser ce seuil critique ! fait Eric en commentant les images de son camescope qu'il est en train de reproduire sur un écran de télévision de dimensions suffisamment confortables pour visionner les différentes ondes qu'il a enregistrées. Solitonus intervient à nouveau :

- Si le nombre d'initiateurs dépasse largement le seuil critique, l'onde démarre sans problème. Je dois mentionner que les scientifiques ont étudié l'onde de foule non pas pour son côté spectaculaire mais avec une autre idée en tête, celle de mieux connaître les mécanismes des mouvements de foule pouvant dégénérer en émeutes et dans le but de pouvoir ultérieurement les contrôler !

- C'est vrai... fait Aline, une meilleure connaissance de ce problème devrait pouvoir aider le service d'ordre dont la tâche n'est pas aisée dans ces immenses stades !

- Avec un certain nombre d'individus disposés en file indienne sur des sièges, par exemple avec des enfants dans une cour d'école, ou dans une salle de classe, on peut générer et observer simplement cette onde !

- Tout à fait Jérôme, c'est une bonne idée, elle ne pose pas de problème. Dans ce cas l'onde en forme de pulse, ou de vague, se propageant sur une chaîne d'individus est plus simple à étudier !

Pendant que nos amis palabrent à propos des ondes, à trois cents kilomètres de là, à Beaune, Pierre gravit d'un pas allègre la déclivité du chemin du rempart qui permet d'accéder à la maison d'Eric par l'arrière. Par hasard, son regard tombe sur une petite voiture noire garée au-dessus du rempart. Elle n'a rien de spécial : elle est tout bonnement stationnée là et immatriculée en cinquante deux :

- La Haute Marne... ! se dit-il. Le coin est connu avec Langres, une ville que les médias citent volontiers quand ils sont friands de records de froid ! Tout en introduisant la clé dans la serrure il pense :

- Ça fait plusieurs fois que dans les environs je repère une voiture immatriculée cinquante deux, néanmoins ce n'est jamais la même. En fait, ça n'a rien d'anormal, voilà que maintenant je me méfie de tout, restons calme... ! Il tourne doucement la clé et réagit quand il ne retrouve pas le minuscule échantillon test qu'il colle habituellement sous la serrure.

- Quelqu'un est venu, songe-t-il en pénétrant silencieusement dans le couloir. Sur ses gardes, il visite systématiquement chacune des pièces et vérifie si les dispositifs qu'il a installés n'ont rien enregistré. Son inspection ne donne rien, néanmoins il a le sentiment que quelqu'un s'est introduit en ces lieux il y a peu de temps. Il poursuit sa recherche mais rien ne cloche. Sur le point de partir, par habitude il s'appuie négligemment sur l'ordinateur situé dans le petit bureau contigu à la grande salle.

- Voilà la preuve ! se dit-il soudain... cet appareil est encore tiède :

quelqu'un est passé là il y a peu de temps. Il a réussi à désarmer mes appareils de surveillance, il me faut tout contrôler et activer de nouveaux codes ! Deux heures plus tard Pierre quitte les lieux assez satisfait, il a installé de nouvelles protections pour ses logiciels : elles sont très difficiles à décrypter. Puis il active un détecteur de présence, relié à la ligne téléphonique susceptible de l'alerter chez lui en cas d'intrusion dans cette maison à tout moment de la journée.

Alors qu'il sort sur les remparts son regard tombe à nouveau sur l'automobile noire. Par sa seule présence pourtant anodine, cette berline le tracasse. En passant à côté il aperçoit des papiers traînant sur le siège avant. Un rapide coup d'œil lui apprend qu'un courrier est adressé à une personne d'Auberive, un joli petit village de la Haute Marne non loin de Langres, situé au bord de l'Aube.

Il réfléchit à la situation et se dit :
- Si le ou les intrus se rendent compte que des modifications ont été apportées au système de protection il vont se manifester à plus ou moins longue échéance. Dans ces conditions il y a des chances qu'ils utilisent la voiture, si bien sûr elle leur appartient ! Pierre décide de revenir pendant la nuit pour placer une balise radio émettrice sous le châssis de cette auto qui l'intrigue.

Pendant deux jours rien ne se passe et ses vérifications journalières discrètes ne lui apprennent rien de nouveau, sauf que la voiture est toujours stationnée au même endroit. Le troisième jour vers treize heures l'alarme téléphonique retentit à son domicile. Dix minutes plus tard au volant de sa voiture il passe au pied du chemin du rempart :
- La voiture a disparu, ne crions pas victoire trop vite ! jubile-t-il.
Quelques minutes plus tard, ayant pris le temps d'emporter quelque maigre bagage, il se retrouve sur l'autoroute en direction de la Haute Marne : son récepteur radio capte un signal de balise fluctuant mais audible. La sortie Langres sud est déserte, on lui confirme qu'une voiture, telle qu'il la décrit, est bien passée il y a peu de temps et la

dame préposée au péage pense qu'elle est partie à gauche direction Auberive. Il s'engage donc sur une route qui serpente dans d'agréables vallons boisés. Le signal radio déjà bien souffreteux a fini par s'évanouir. Néanmoins à quelques kilomètres du village le bip-bip retentit à nouveau, c'est encourageant.

Pierre a choisi de s'approcher discrètement du village, il gare donc sa voiture dans un chemin forestier et un instant plus tard il émerge du sous-bois revêtu d'une panoplie de randonneur agrémentée d'un chapeau et d'une paire de lunettes noires. Méconnaissable il quitte la route pour suivre un sentier balisé, un mini écouteur relié à son récepteur radio dans le sac à dos lui distille le signal de la balise.

À l'épicerie sur la place de l'église il achète quelques victuailles et bavarde avec l'épicier, un gaillard fort sympathique et convivial. En peu de temps il est mis au courant d'une bonne partie de la vie du village. Entre autre, il apprend que la grande bâtisse, devant laquelle il a retrouvé en stationnement la voiture qu'il filait, abrite l'atelier d'un sculpteur et peintre. Sans hésiter il sort et entre dans la salle d'exposition. Un type frisant la cinquantaine, avec une longue chevelure grisonnante encadrant un visage buriné aux yeux bleus, le reçoit aimablement :

- Prenez votre temps, les peintures sont exposées à côté dans une autre salle, si vous avez besoin d'un renseignement appelez-moi je ne suis pas loin !

- Merci !

Après avoir fait tranquillement le tour de l'expo Pierre, intrigué, remarque :

- Dans vos œuvres on retrouve beaucoup de mouvements circulaires, elliptiques et des arabesques qui font penser aux tourbillons ou aux ondulations d'un fluide.

- Tout à fait, je suis en général fasciné par les manifestations ondulatoires, la variété des courbures et les phénomènes mis en jeu !

- Les ondes sont à la fois mystérieuses et vivantes ! risque Pierre.

- Oui elles sont fascinantes et dignes de respect ! répond l'artiste dont le regard s'allume après un instant de silence.
 - Mais encore ?
 - Elles ont une vie et un profil divin ! Pierre sent qu'il s'engage sur un terrain miné, il ne doit pas poursuivre plus avant cette conversation susceptible d'éveiller des soupçons chez son interlocuteur. D'ailleurs par la porte ouverte il aperçoit un individu d'une trentaine d'année qui extrait un bagage du coffre de la fameuse voiture qu'il a suivie, et qui se dirige de l'autre côté du bâtiment.
 - Ouf ! pense Pierre... il ne s'est pas pointé ici. Je ne le connais pas, par contre lui m'a peut-être déjà aperçu à Beaune ! Il s'empresse de prendre congé du sculpteur, et par le sentier il se faufile dans les bois derrière le village pour rejoindre sa voiture et filer vers Langres.

Une heure après, confortablement installé dans une chambre d'hôtel il joue du portable en appelant tout d'abord le commandant Tastetout.
 - Allo Gérard, j'ai du nouveau, les types ont certainement un point de chute en Haute Marne d'où je t'appelle ! et il raconte sa filature.
 - OK, méfie-toi c'est probablement des marioles. Le numéro d'immatriculation en cinquante deux que tu m'as transmis correspond à une voiture de location, ce n'est pas surprenant. Puis il met Eric au courant de ses pérégrinations. Il lui recommande à nouveau d'observer mais surtout de ne pas prendre de risques inutiles.
Le lendemain matin après avoir, comme la veille, dissimulé son auto dans le chemin forestier, notre randonneur occasionnel passe à nouveau par l'épicerie d' Auberive.
 - Alors, ça a été hier, vous avez pas mal aux pattes ?
 - Pas du tout, en plus le coin est sympa !
 - Vous savez ici ça fait du bien de voir d'autres gens et de discuter !
 - Je vous comprends, en ce moment c'est calme ?
 - Oui et non, il y a des randonneurs comme vous et puis aussi

beaucoup de gens, de tous âges, de toutes régions et de tous pays, qui se pointent chez l'artiste !
- Ah bon, ça défile pas mal. Viennent-ils chez vous ?
- Rarement, d'ailleurs la plupart ont la mine sérieuse, ils sont très discrets et polis mais sont peu causants. Leurs habits souvent sombres sont à leur image !
- Ils viennent voir l'expo ?
- À mon avis pas qu'ça, au début dans le village on a essayé de savoir mais ils n'ont pas dégoisé un mot, on a abandonné. Ils ne dérangent personne, c'est p't'être mieux comme ça, d'ailleurs ils ne restent pas longtemps !
- C'est-à-dire ?
- Un à deux jours environ d'après ce que les plus curieux ont remarqué !
- Donc ce n'est pas uniquement pour l'expo !
- D'après la rumeur ces gens lui achètent ses œuvres et lui apportent des matériaux à sculpter !

Pierre s'est installé dans un endroit dominant le village. Muni d'un appareil photo, avec un puissant télé objectif, il observe les allées et venues autour de la maison du sculpteur. La fin de la matinée se passe sans que rien ne bouge, c'est vers midi que le gars à la voiture apparaît sur la place. Il discute un instant avec le sculpteur, lui donne l'accolade et, après avoir chargé une valise dans le coffre il démarre et quitte les lieux.

Une heure plus tard le même scénario se reproduit avec un deuxième individu d'apparence et de comportement identiques. Il lui faut attendre la fin de l'après-midi pour observer le processus inverse : l'arrivée d'un nouveau type que le sculpteur fait entrer. Une heure plus tard il n'a vu personne ressortir et n'a rien appris de plus, il plie bagages pour rejoindre sa voiture et repartir vers Beaune.

Au moment même où Pierre tourne la poignée de la porte et pénètre

dans la grande salle, des exclamations retentissent, tandis qu'Eric déclare :
- Tu arrives à point, as-tu jamais remarqué si nos emmerdeurs, c'est comme ça que je les appelle maintenant, portaient un signe de reconnaissance sur leurs vêtements ?
- A priori non mais je ne peux rien affirmer !
- Moi à La Nouvelle Orléans quand je suis passé devant le mini tribunal j'avais le temps de les observer mais je n'ai rien remarqué de spécial sur les poitrines du barbichu et de ses acolytes !
- Avec l'âge ! plaisante Jérôme, les facultés visuelles de l'être humain s'émoussent !
- Cause toujours, toi non plus tu n'as pas été capable de distinguer les détails du badge du gars que nous avons coincé au stade !
- Tu l'as tellement secoué que son badge est peut-être tombé par terre !
L'air mi-figue mi-raisin Pierre intervient :
- Permettez-moi d'interrompre votre discussion au demeurant fort intéressante pour vous informer de la chose suivante : il me revient en mémoire que le sculpteur d'Auberive portait agrafé sur sa chemise un insigne en métal gros environ comme une pièce de dix centimes d'euro !
- Et alors ? font simultanément les autres.
- Eh bien, l'insigne, stylisé, représentait le signe informatique « arobas » au centre duquel pointait un pic en forme de triangle !
- Génial Pierre, j'ai envie de t'embrasser !
- Ne te gêne surtout pas, mais explique-moi !
- Eh bien, le pic représente un profil de vague et l' « arobas », qui à mon avis n'en est pas un, stylise un enroulement à deux dimensions c'est-à-dire une spirale plane !
- Si tu le dis Eric !
Resté muet jusqu'à maintenant le commandant suggère :
- Il y a peut-être moyen de trancher, examinons en détail les

photos de ces types que vous avez réussi à prendre au cours de vos pérégrinations !
- Finement pensé Gérard on reconnaît la classe du limier !
- Va plutôt chercher tes clichés au lieu de te gausser de ma personne !

Il faut peu de temps pour que les images stockées dans les mémoires flash des appareils numériques défilent sur l'écran de l'ordinateur.
- Ça alors… ! s'exclame Eric, l'agrandissement est flou mais on distingue bien un insigne circulaire sur la poitrine du maigrichon que tu as photographié à l'hôtel de Briançon !
- C'est un bon point ! fait le commandant… d'ailleurs sur le deuxième cliché on devine comme une forme de vague au centre du cercle !
- C'est plutôt une vague forme !
Le commandant sourit et ajoute :
- Lentement mais sûrement nous ciblons ces illuminés, leur réseau semble posséder des ramifications dans différentes parties du monde. À nous de déterminer si dans cette organisation le port de cet insigne est réservé à quelques individus dominants. Quoi qu'il en soit ce signe distinctif, « vague/spirale », doit nous permettre de les repérer, et là je ne comprends pas !
- Moi non plus, ils ont plutôt intérêt à se cantonner dans l'anonymat ! constate Jérôme l'air songeur.
- À moins que, propose le commandant, les basses œuvres soient uniquement réservées aux sans-grade qui ne porteraient pas d'insigne.
- Remarque pertinente du fin limier, fait Pierre tandis que tous sourient.

Ces paroles résonnent encore dans la tête d'Eric tandis que le TGV Paris - Marseille approche de la gare Saint Charles. Il n'est pas exclu d'ailleurs qu'un de ces individus soit à nouveau sur mes talons pense-t-il, cela le rend de mauvaise humeur. Il revient à la réalité et songe à ce qui l'amène dans cette grande ville du sud. Dans le cadre des systèmes excitables, après les ondes cardiaques, les ondes de foule et l'onde de combustion de la bougie, Solitonus lui a recommandé de rendre visite à des spécialistes des feux de forêts et des phénomènes de combustion.

Marc et Louis, deux scientifiques qu'il doit rencontrer l'attendent dans la grande galerie de la gare Saint Charles, actuellement en cours de restauration. En louvoyant à travers les zones de travaux il les suit jusqu'à la sortie pour regagner à pied le laboratoire de l'Université d'Aix Marseille, située à proximité de la gare, où ils effectuent des recherches. Après un rapide repas la discussion démarre. Marc explique à Eric qu'il commence par une petite introduction générale simple dont beaucoup d'éléments lui sont connus.

- Le feu est une réaction chimique entre l'oxygène de l'atmosphère et un matériau comme le bois, le charbon, l'huile, le papier. Ce combustible brûle pour produire de la chaleur et de la lumière. Dans la vie courante le feu est, depuis la nuit des temps, indispensable à l'être humain pour cuire les aliments, se chauffer, transformer les produits industriels... néanmoins il peut s'avérer très dangereux si on ne le maîtrise pas. Il peut détruire en un rien de temps une maison et tous les biens qu'elle contient. C'est un puissant élément de la nature et, comme les vagues sur l'eau, il fascine l'être humain. Il fait partie de l'écosystème forestier et en même temps c'est un des principaux phénomènes dévastateurs qui menacent l'environnement. Chaque année dans le monde des milliers d'hectares de végétation partent en fumée, en charbon et en cendres, du fait d'incendies causés par l'être humain ou la nature !

- Chez nous ça représente une grosse surface ?

- Environ 0,04 % de la surface de la France sont calcinés, ceci correspond en moyenne à six mille départs de feu chaque année. Sur notre planète, ces incendies ravagent l'environnement naturel et mettent en danger la vie socio-économique et des vies humaines, d'autant plus que la population mondiale et sa vulnérabilité augmentent sans cesse dans certaines régions du globe. D'un autre côté, à l'heure actuelle il est admis que sous certains aspects le feu joue un rôle nécessaire et bénéfique quant à son impact sur l'écosystème !

- C'est-à-dire ?

- Eh bien par exemple il assiste les cycles de croissance, de mort et de régénération des végétaux et assure la santé des forêts. En réalité, la faune et la flore des écosystèmes s'adaptent au feu et aux contraintes qu'il impose.

Du point de vue scientifique, le feu de forêt est un phénomène complexe mettant en jeu un grand nombre de paramètres. Dans la plupart des pays, la prévention des incendies de forêts et la limitation de leur impact nécessite une approche pluridisciplinaire de manière à tenir compte de leurs aspects variés et de leurs problèmes spécifiques.

- Un incendie peut démarrer très rapidement !

- Tout à fait : une étincelle ou la chaleur du soleil et en quelques secondes c'est le cycle infernal. Le feu progresse en brûlant la végétation desséchée et tout matériau combustible se trouvant sur son passage. Le brasier s'étend sur des milliers d'hectares et menace les habitations et les vies ! Louis, le collègue de Marc ajoute :

- D'un point de vue physique la propagation d'un feu de forêt, c'est-à-dire d'une onde non linéaire de combustion, peut être décrite par différents types de modèles mathématiques. Sans entrer dans les détails, beaucoup de ces modèles représentent la forêt par un réseau régulier (comme une grille vierge pour mots croisés) aux nœuds duquel il y a un arbre ou pas. Chaque arbre interagit par rayonnement thermique avec ses proches voisins, et même avec ses voisins plus éloignés suivant le modèle. Dans le cadre d'un modèle du type réaction diffusion - où la distribution des arbres dans la forêt peut être comparée à celle des individus de la foule dans un stade ou aux cellules du tissu cardiaque - les arbres représentent des cellules excitables. Elles sont actives quand les arbres brûlent, et passives quand ils ne sont pas en feu ou sont brûlés. Les simulations numériques sur ordinateur montrent que le front de l'onde de combustion se développe de manière plus ou moins symétrique par rapport au point d'allumage, suivant les conditions. Dans le plan du sol il prend la forme d'un ovale se déformant et devenant irrégulier au fil de sa progression. De nombreux autres paramètres, comme la vitesse du vent, la pente du sol, la variété des végétaux, jouent un rôle important sur la forme du front d'onde, sa direction privilégiée et sa vitesse de propagation qui dans certains cas peut dépasser les vingt kilomètres à l'heure !

- Bien sûr la projection de débris enflammés joue un rôle ?
- La projection à distance des brandons en avant du front d'onde, amplifiée par le vent et la pente, favorise les sautes de feu qui sont en fait des départs de feux secondaires !
- Quelle énergie est transportée ?
- Le front correspond à une énergie gigantesque. Traduit en puissance, c'est-à-dire en énergie par unité de temps et de longueur, ça représente plusieurs millions de watt par mètre de front pour les incendies moyens du sud de l'Europe !
- En entendant ces chiffres je me rends compte que, comme pour beaucoup d'autres types d'ondes rencontrés dans la nature, on doit rester humble devant leur immense puissance !
- C'est sûr, le feu détruit rapidement d'immenses surfaces. Par exemple, dans le sud-est de la France, 2003 fut une année désastreuse pour la forêt : du fait de la grande sécheresse environ 40000 hectares ont été brûlés. Le département du Var a payé un lourd tribut au feu avec 17000 hectares dévastés. Avec des images à haute précision du satellite Spot vous pouvez avoir une idée précise des coordonnées et des surfaces des zones incendiées !
- Merci pour ces renseignements, dès demain je vais visiter cette région, qui est proche d'ici, pour me rendre compte de la puissance dévastatrice de ces incendies !

La petite camionnette de l'ONF se faufile sur la route serpentant au milieu des monts dont la forêt, maintenant rabougrie, a connu le feu. Le chauffeur, garde forestier de son état, dépeint la situation à Eric.

- Ce Massif des Maures que nous parcourons a déjà vu repousser une partie de sa végétation. En 2003, comme vous le savez, il a été ravagé par des incendies spectaculaires, tout d'abord au milieu de juillet et à nouveau dix jours plus tard où plusieurs foyers ont démarré simultanément. Les incendies se sont dangereusement propagés jusque vers la côte !

- Rapidement ?

- Oui, un vent fort a accéléré la progression des incendies et amplifié les catastrophes. La destruction d'une partie du patrimoine forestier, le nombre des blessés et les pertes en vies humaines traduisent la puissance du phénomène. Un camion de pompiers a été cerné par les flammes et ses trois occupants ont péri brûlés vifs, deux touristes étrangères ont été retrouvées mortes dans leur voiture. De nombreuses maisons éparpillées dans les pinèdes ont été la proie des flammes, des villages ont été menacés par le brasier. Attisée par le vent, l'avance rapide des incendies a précipité dans la nature des dizaines de milliers de gens. Dans la chaleur et la fumée un grand nombre d'entre eux fut évacué vers des abris temporaires où ils passèrent la nuit !

- Vous avez fait allusion à plusieurs foyers d'incendie, cela laisse supposer des actions criminelles ?

- D'après la rumeur, la simultanéité de nombreux départs d'incendies laisserait supposer des agissements de pyromanes. Néanmoins, après vingt-quatre heures d'une lutte acharnée les pompiers, au nombre d'environ deux mille, se sont rendus maîtres des incendies. Comme vous le souhaitez, je vous conduis chez une personne qui a vécu cet événement !

- Merci d'avance !

Une heure plus tard, sur la terrasse d'une villa Eric sirote un pastis en compagnie d'un type d'une soixantaine d'années. Cet homme au visage buriné raconte lentement en termes choisis son expérience de l'incendie.

- Je me trouve à l'intérieur de notre maison quand ma femme l'air inquiet me fait remarquer que ça sent le feu. Je sors sur cette terrasse d'où, comme vous pouvez le voir, nous avons une vue panoramique sur le Massif des Maures. Pas très loin, en direction de Fréjus une colonne de fumée commence de s'élever dans le ciel. C'est reparti me dis-je en voyant le soleil se voiler progressivement d'un écran de fumée et les Canadairs passer au-dessus de nos têtes. L'horizon se teinte d'une nuance sinistrement jaunâtre et on commence à voir rougeoyer des crêtes, les rafales de vent dont l'intensité augmente ne laissent rien présager de bon. Une demi-heure plus tard des maisons voisines sont presque encerclées par le brasier et des flammes impressionnantes menacent de se propager jusqu'à notre habitation. Un capitaine de pompier nous a demandé de rassembler quelques affaires de première nécessité et de nous tenir prêts à évacuer les lieux. Des véhicules de pompiers passent et repassent sur la petite route traversant notre bourg. Les hommes du feu déversent inlassablement des tonnes d'eau sur le brasier mais, têtu, le feu continue sa progression. Visages noircis, faciès marqués, certains semblent déjà fort éprouvés par le combat qu'ils mènent contre cet ennemi imprévisible. Il gronde, virevolte, change de direction à chaque instant et parfois s'arrête comme pour réfléchir, puis il repart de plus belle en crépitant et crachant à la ronde une pluie de cendres et de débris incandescents. Un immense nuage de fumée masque l'horizon.

Nous passons la nuit à guetter la progression du feu et à nous occuper à de multiples tâches, sans pouvoir dormir un seul instant. Néanmoins, je ne me fais pas trop de souci car notre habitation a été construite en terrain découvert. Nous sommes mieux lotis que beaucoup de nos voisins, situés dans la pinède toute proche, que j'aide à défendre leur maison avec un jet d'eau à l'allure dérisoire. Pendant ce temps ma femme offre, quand l'occasion se présente, quelque réconfort aux combattants du feu sous forme de boissons et de victuailles.

Au petit matin c'est la victoire, le vent s'est calmé et le feu a abandonné la lutte. Chaleur et lumière des flammes ont cédé la place aux cendres grisâtres et aux végétaux calcinés à l'aspect noirâtre. À la radio on nous confirme que la situation est sous contrôle, il était temps car les feux menaçaient le littoral et sa population estivale de vacanciers au maximum de sa fréquentation. Fourbus, les yeux rougis, mais le sourire au lèvres, des pompiers, dont beaucoup sont des bénévoles, discutent à côté de leurs camions garés devant la maison. Ils acceptent bien volontiers une tasse de café et nous content en phrases courtes leur lutte acharnée. À ma question sur l'existence de pyromanes ils évoquent dans leur zone d'intervention deux individus un peu illuminés qui traînaient à proximité des fronts d'incendies en racontant des inepties : par exemple que le feu était une punition de Dieu et que l'on devait le respecter et le laisser se propager à sa guise. Ils furent arrêtés et interrogés sur le champ mais relâchés faute de preuves !

Ces informations provoquent un déclic dans la tête d'Eric : elles lui rappellent celles du voleur du stade qui mentionnait des ondes incarnant des êtres sacrés et aussi les remarques du sculpteur d'Auberive sur le profil divin des ondes. Il consigne aussitôt ses réflexions dans son petit carnet.

7. Ondes cérébrales, « vague/spirale »

En hochant lentement la tête Solitonus interrompt le récit d'Eric :
- Ton incursion dans le Midi t'a fait prendre conscience de l'immense puissance du feu, il me semble !
- De ce côté-là il n'y a pas de problème, les forces de la nature sont impressionnantes. D'autant plus qu'un incendie, qui est un aspect grandiose du processus de combustion, peut être vu, d'après vous les scientifiques, comme un processus de réaction diffusion capable de destructions importantes. Dans ce contexte j'aimerais que tu me précises à nouveau ce processus !
- Volontiers, je te rappelle que - comme tu l'as déjà vu au cours de ton enquête - la propagation de la flamme d'une bougie est une illustration simple et instructive de ce processus. La vapeur de cire issue de la réaction chimique de combustion de la cire constitue un milieu excitable et l'onde produite résulte de la compensation dynamique de la réaction par la diffusion dans l'air ambiant, ce qui est loin d'être évident !
- J'en suis totalement conscient !
- N'oublie pas, je le répète, qu'un grand nombre de systèmes modélisables par un processus de réaction diffusion se trouvent dans la nature. Alan Turing, un mathématicien britannique génial, fut en 1952 le premier à formuler des équations de réaction diffusion dans le cadre de ses recherches sur la « morphogenèse » : c'est-à-dire les mécanismes grâce auxquels les organismes vivants se forment, se structurent et fonctionnent. En fait les ondes peuvent devenir stationnaires ou se figer dans l'espace - alors le temps n'intervient plus - pour produire des structures sous forme de taches, de bandes, de stries ou de divers motifs géométriques, comme on peut les observer sur le pelage des animaux : chats, chiens, girafes, tigres, etc… ou sur les coquillages !
- À priori je ne vois pas de relation.

- Dans cet esprit, imagine que des ondes à la surface de l'eau telles que des vagues ou des tourbillons puissent se pétrifier. On obtiendrait alors comme une photo instantanée du phénomène avec des zones hétérogènes et des motifs géométriques variés !

- C'est subtil !

- Je poursuis en te citant deux scientifiques britanniques remarquables : Andrew Huxley et Alan Hodgkin physiologistes et biophysiciens. En 1952 aussi, ils proposèrent un modèle de réaction diffusion pour expliquer la propagation de potentiels électriques, dits d'action, le long des fibres nerveuses. Leur modèle théorique reposait sur l'observation empirique, in vitro, du comportement de l'axone - cette longue fibre qui prolonge la cellule nerveuse et transporte le message électrochimique sous forme d'une onde d'impulsion électrique ou de potentiel d'action - du calamar géant. Ce modèle stimula de nombreux autres travaux sur les systèmes neurobiologiques et inspira des modèles similaires pour le cœur. Cette découverte s'avéra fondamentale - de gros progrès avaient été accomplis depuis la première moitié du dix-neuvième siècle où les physiologistes faisaient l'hypothèse erronée que l'activité nerveuse se propageait à la vitesse de la lumière - elle valut à ses auteurs le prix Nobel de physiologie et de médecine.

- Comment en sont-ils arrivés là ?

- Historiquement, leurs travaux furent précédés par ceux de scientifiques que je te cite brièvement. En 1791, Luigi Galvani, professeur d'anatomie à l'Université de Bologne, avait remarqué que les pattes d'une grenouille disséquée bougeaient quand il appliquait aux nerfs la tension d'une batterie, il appela ce phénomène « l'électricité animale ». En 1900 Alessandro Volta - professeur de physique à l'école de Côme, qui en outre réalisa la première pile électrique - prit connaissance de ce qu'il appela le « Galvanismus » et proposa que les impulsions nerveuses correspondent à de la conduction électrique. En 1852 Hermann Helmoltz, un jeune physicien et physiologiste - qui devint une des figures marquantes de la science allemande du milieu du dix-neuvième siècle - mesura directement la vitesse de l'influx nerveux, c'est-à-dire la vitesse de propagation d'une impulsion électrique, le long du nerf sciatique d'une grenouille. Il trouva 32 mètres par seconde et expliqua que cette valeur était faible car elle correspondait à des mouvements d'ions, soit en d'autres termes à un transport de charges électriques. Cette interprétation était inexacte. Il fallut attendre pour que soit montré mathématiquement qu'en réalité le transport électrique s'effectuait grâce à une onde solitaire de diffusion non linéaire qui fut récemment baptisée : soliton dissipatif.

Dans le modèle de Hodgkin-Huxley la propagation d'une impulsion de tension électrique est la conséquence des courants ioniques à travers la membrane et des fibres nerveuses dénommées axones. Elles font partie des composants élémentaires, ou cellules, du système nerveux humain dénommées neurones et, disposées en faisceau pour former un nerf, elles sont les lignes de transmission du système nerveux, elles relient les terminaisons neuronales !

- Quelle est la longueur typique des nerfs ?
- À ma connaissance les nerfs les plus longs du corps humain sont les nerfs sciatiques !
- Comment fonctionne un neurone ?
- Tout d'abord il faut rappeler qu'un neurone a trois parties principales : un corps de cellule, un axone et des terminaisons neuronales ou dendrites qui sont connectées aux autres cellules et permettent au neurone d'échanger des informations avec elles. En simplifiant les choses, je peux dire qu'un neurone se comporte comme un interrupteur à deux états : il peut être soit au repos soit dans un état transmetteur. De son corps ramassé de cellule émerge un axone, à l'extrémité duquel un agent chimique peut être transmis. Ce dernier doit franchir un seuil appelé synapse pour déclencher la transmission par les terminaisons neuronales d'un message vers un autre neurone !
- Et un nombre immense de ces neurones constitue le cerveau ?
- Le cerveau humain est un organe fantastique que je connais fort

peu et je pense que pour recueillir des informations pertinentes sur les ondes cérébrales il te faut rendre visite à certains de mes collègues dont je vais te donner les coordonnées !

C'est ainsi que quelques jours plus tard Eric, toujours infatigable, reprend son bâton de pèlerin pour s'envoler vers les Etats-Unis et visiter une université de Pensylvanie.
- Hello Eric, I hope your trip was good... ! fait le jeune professeur débordant de vitalité qui l'accueille chaleureusement. Chevelure blonde, regard vif et allure décontractée, Jack Spoon est mathématicien. Son approche des ondes dans le cerveau et le système nerveux est pluridisciplinaire : il effectue des recherches en liaison permanente avec des physiciens, des neurophysiologistes et des neurobiologistes de son université et d'universités voisines.
Après les civilités d'usage et une courte introduction de bienvenue, Jack entre directement dans le vif du sujet. J'en viens, dit-il d'un air enthousiaste, à cet organe fantastique qu'est le cerveau humain. Ce système d'environ un kilo et demi est extrêmement complexe, on estime qu'il contient une centaine de milliards de cellules. Le cerveau est unique mais différent pour chacun de nous, il accomplit un nombre incroyable de tâches et sans en dresser une liste exhaustive en voici quelques-unes au passage.
Il régule les battements cardiaques, la température du corps et la tension artérielle.
Il reçoit, coordonne et traite une foule d'informations visuelles, sonores et digitales, provenant de nos sens.
Il contrôle l'équilibre et les mouvements mécaniques de notre corps.
Il est le siège de la pensée, de la conscience, du rêve...
- Et, dans ce système éminemment complexe diverses sortes de signaux se propagent ? fait Eric.
- C'est le cas. Historiquement les scientifiques ont mesuré l'activité

électrique du cerveau au moyen de l'électroencéphalographie, ou EEG en abrégé !

- Depuis longtemps ?

- Elle a été mise au point dans les années vingt - par le physiologiste allemand Hans Berger qui s'est inspiré de la découverte de l'activité électrique du cerveau par le neuropsychiatre britannique Richard Caton - et elle ne s'est vraiment développée que dans les années cinquante. Dans cette méthode maintenant traditionnelle, des électrodes sont placées sur le crâne du patient en des points bien déterminés. Elles permettent d'enregistrer en fonction du temps les tensions électriques variables qui correspondent à une manifestation de l'activité d'un grand nombre de neurones !

- À quoi servent ces analyses ?

- L'électroencéphalographie apporte des informations sur l'activité cérébrale et des affections du système nerveux central. Plus précisément elle est utile pour confirmer un diagnostic d'épilepsie, contrôler une perte de conscience, un état de coma ou un problème de démence, étudier un désordre du sommeil, suivre l'activité cérébrale lors d'une intervention chirurgicale sur le cerveau...

Cette technique maintenant traditionnelle est fort utile pour analyser l'activité cérébrale en fonction du temps, en des endroits déterminés comme je l'ai précisé. Néanmoins, comme il est difficile de placer de nombreuses électrodes sur le crâne du patient, la répartition spatio-temporelle de l'activité neuronale a été longtemps ignorée. C'est seulement ces dernières années qu'il a été possible d'observer l'activation séquentielle de différentes parties du cortex visuel au moment où le cerveau est en train de traiter l'information sensorielle.

- Les ondes sont donc des phénomènes omniprésents dans le cerveau humain ?

- En effet, les progrès récents réalisés en imagerie, mais aussi en électrophysiologie et grâce à d'autres technologies ont permis de mettre en évidence la propagation d'ondes dans le cortex cérébral. Des ondes d'activité cérébrale ont pu être observées au niveau de la réponse individuelle du neurone ou de la réponse d'ensemble d'un circuit de neurones, à la fois in vivo et in vitro. La présence de ces ondes est remarquable aussi bien dans le fonctionnement normal du cerveau que dans le cas d'une activité pathologique. Leur propagation renseigne par exemple sur l'excitabilité du cerveau. En fait, physiquement parlant ces ondes d'activité émergent des réseaux neuronaux, elles traduisent en chaque point une dynamique du type réaction diffusion. Au cours de votre reportage je pense que vous avez entendu parler de ce type de dynamique !

- Oui, bien sûr, mais ce n'est pas encore bien clair dans mon esprit. Néanmoins, mes récentes tribulations et les explications répétées des scientifiques que j'ai eu la chance de rencontrer m'ont amené à prendre conscience de l'universalité de ces ondes, comparables aux mouvements de foule dans un stade, que d'autre part on peut trouver sous forme de spirales dans les systèmes chimiques et les phénomènes cardiaques, et sous forme de fronts de flammes dans les feux de prairie ou de forêt ... !

- En effet, elles sont maintenant familières aux mathématiciens, aux physiciens et à bien d'autres scientifiques. Dans le cerveau je cite l'exemple des ondes d'activité épileptiforme que l'on trouve dans le tissu cérébral malade ou endommagé physiquement, ou encore le tissu traité chimiquement avec des médicaments. Certaines de nos expériences sur des lamelles de tissu cérébral de mammifère ont mis en évidence ces dernières années des phases dynamiques spontanées et organisées d'activité : de telles phases sont initiées par la présence d'ondes irrégulières ou chaotiques d'où émergent fréquemment des ondes planes - avec un front assimilable à un plan - ou des ondes spirales.

Un exemple remarquable est le processus de la vision. Les neuroscientifiques ont longtemps cru que les réseaux de neurones transmettaient les informations de manière simple et qu'il était possible de les traiter de manière similaire aux réseaux téléphoniques. Or nous avons observé, grâce aux nouvelles techniques d'imageries, que les signaux inhérents à la vision sont transmis à travers le cerveau sous forme d'ondes.

- C'est un pas important vers la compréhension du fonctionnement du cerveau ?

- À notre avis c'en est un, particulièrement pour espérer élucider la génération d'ondes anormales dans le cerveau de patients atteints d'épilepsie, de maladie de Parkinson ou d'Alzheimer. Néanmoins, cette recherche en est à ses tout débuts et un long trajet reste à faire pour expliquer le comment et le pourquoi de ces phénomènes !

- C'est fascinant !

- Des études récentes, réalisées à Lyon dans votre pays et ici aux Etats-Unis, considèrent le cerveau comme un système physique présentant un comportement critique !

- C'est-à-dire ?

- Eh bien par exemple un tas de sable (ou une masse de neige ou encore un phénomène de société) est un système critique : instable au départ il peut, à partir d'avalanches, s'auto organiser sous forme d'une grande variété d'états stables. Le cerveau - où des ensembles de neurones activés jouent le rôle d'avalanches - présente sous divers aspects un comportement complexe analogue à celui du tas de sable !

- Ça me dépasse !

- Il faut admettre que, parée d'interdisciplinarité la science est encore plus belle !

Après la Pennsylvanie, une courte visite impromptue à Liverpool en Angleterre s'est imposée. Tout en marchant lentement dans une allée du *Abercromby Square*, un petit jardin public du campus universitaire, Eric suit le discours d'un grand type au visage osseux, cet homme à l'air un peu à l'étroit dans ses vêtements est professeur à l'université.

- L'étude des épidémies a une longue histoire marquée par un grand nombre d'études et d'explications de leur diffusion et de leurs causes.

Néanmoins, il faut mentionner que même encore de nos jours elles sont souvent attribuées à la colère de dieux mécontents ou autres esprits vengeurs ! fait ce spécialiste.

- Encore de nos jours ?
- Mais oui, la naïveté et la crédulité humaines n'ont pas de limites. Tenez, par exemple les remèdes de bonne femme, comme vous dites dans votre pays, sont toujours couramment utilisés !
- C'est à peine croyable !
- Pour en revenir aux épidémies, elles correspondent au déclenchement de maladies contagieuses ou infectieuses. Elles touchent une partie de la population qui vit sur certains territoires à des époques données.
- En général elles ne durent pas très longtemps ?
- Bien sûr, elles disparaissent comme elles sont venues mais elles sont souvent violentes et peuvent provoquer des catastrophes sous la forme de pertes en vies humaines, et avoir des incidences économiques et politiques !
- D'après mes informations on parle d'ondes d'épidémies ?
- Parfaitement, je vous explique. En un endroit géographique donné le nombre d'individus malades part de zéro pour atteindre rapidement un maximum et décroître, souvent plus lentement, vers zéro. Donc, si l'on représente graphiquement le nombre d'individus infectés en fonction du temps, on obtient un pic en forme de cloche ou de vague asymétrique. Ce pic se déplace dans l'espace de manière identique au mouvement de foule dans un stade. Ainsi, une onde d'épidémie correspond au développement de l'épidémie dans le temps et dans l'espace, c'est-à-dire en fonction de la date et du lieu !
- C'est séduisant comme représentation !
- En effet, mais la progression ou la diffusion géographique des épidémies est un problème complexe moins bien compris que son évolution temporelle. Le problème crucial est de savoir comment introduire et quantifier les effets spatiaux. Les modèles fournissent par exemple des équations du type réaction diffusion avec des solutions

qui, si l'on sait les calculer, ont la forme d'ondes d'épidémies. Ces ondes apparaissent dans divers autres contextes : comme l'écologie, la dynamique des populations... !

- On m'a cité de nombreuses fois ces équations de réaction diffusion, d'après ce que j'ai compris elles apparaissent dans l'étude mathématique et physique de nombreux systèmes de la nature admettant la diffusion d'une grande variété d'ondes !

- Avant de regagner mon bureau et pour vous changer les idées, je vous propose de visiter la galerie d'art se trouvant à quelques pas d'ici. Parmi les peintures que l'on peut y admirer se trouvent quelques magnifiques tableaux de Turner !

- Avec plaisir !

Les deux hommes viennent à peine de terminer leur visite qu'Eric reçoit un appel de Solitonus :

- Eric, comme je t'en ai informé, Jérôme est en Pologne où il participe à un colloque sur les ondes. Il m'a envoyé un mail le lendemain de son arrivée en me disant, sans me donner de détails, qu'il a peut-être découvert des choses intéressantes à propos des illuminés, mais depuis je n'ai aucune nouvelle. Mes tentatives pour le joindre se sont révélées infructueuses.

- Merci pour ton coup de fil, de mon côté rien de nouveau. On se verra bientôt, j'ai une dernière discussion cet après midi et je prends l'avion en soirée.

Quelques jours auparavant, Jérôme est arrivé à Torun, une ville du nord de la Pologne, le dimanche en fin de journée après un voyage assez long par le train. Il a pris possession de sa chambre dans un hôtel de la vieille ville située au bord de la Vistule et est parti flâner. D'après les prospectus de l'hôtel, des enseignes rappellent au quidam que Nicolas Copernic – Nicolaus Copernicus de son nom latin – est né en cette partie médiévale de la ville. Dans une taverne à l'ambiance sympathique, tout en sirotant tranquillement une bière, Jérôme prend connaissance d'une petite brochure faisant partie des documents fournis aux participants. Celle-ci rappelle que l'Université de Torun a justement été choisie comme lieu du colloque pour rendre hommage aux remarquables travaux de Copernic. Ce fils de négociant a étudié l'astronomie en Pologne puis en Italie. Revenu en Pologne quelques années plus tard, il suggère que la Terre tourne sur elle-même en vingt-quatre heures et en orbite circulaire autour du soleil en une année, il en est de même ainsi pour les autres planètes avec des périodes de révolutions différentes. Son concept, fantastique, incroyable et révolutionnaire pour l'époque met un terme à la croyance qui veut que la Terre soit le centre de l'Univers. Il est présenté dans un manuscrit intitulé « De Revolutionibus... », et sera seulement imprimé à sa demande en 1543 l'année de sa mort. On considère qu'il est à l'origine de la plus grande révolution dans la science des siècles précédents – elle lui vaudra d'être le père de l'Astronomie Moderne. Ses idées très anticonformistes font leur chemin : de la moitié du seizième à celle du dix- septième siècle Tycho Brahé, Képler et Galilée apportent chacun leur pierre à l'édifice scientifique. Néanmoins, l'Inquisition toute puissante guette, sous l'impulsion de jésuites virulents elle impose à Galilée, après la parution de son propre livre sur le sujet, de ne plus s'opposer aux écritures saintes et d'abjurer ses idées sous peine de torture et de mort.

Malgré cet obscurantisme forcené, les idées nouvelles développées par Copernic progressent. C'est Isaac Newton, né en Angleterre en 1642, qui reprend le flambeau de la connaissance. À la fois mathématicien, physicien et astronome Isaac Newton est, comme ses illustres prédécesseurs, un savant polyvalent et pluridisciplinaire. En 1687, à l'issue de ses travaux, il publie son fameux ouvrage : *Philosophiae naturalis principia mathematica* dans lequel il présente sa théorie de l'attraction universelle unifiant la physique céleste et la physique terrestre.

En terminant la lecture du petit opuscule, Jérôme fait tout naturellement le rapprochement entre le comportement des Inquisiteurs et celui des membres de l'organisation secrète qui les perturbe sporadiquement.

- La célébration de l'ouvrage de Copernic va peut-être amener certains de ces illuminés dans les parages se dit-il, puis il pense à autre chose.

Le lendemain, alors que la deuxième conférence de la matinée vient de se terminer, les participants prennent le café dans le hall à la sortie de l'amphi. Jérôme erre au milieu des chercheurs qui discutent : jeune dans le métier, il n'a pas encore l'occasion de connaître beaucoup de monde. Soudain son regard tombe sur un insigne circulaire en métal doré discrètement fixé sur la poitrine d'un type en dessous de son badge de participant.

- Mince alors, c'est l'insigne avec une vague au centre d'une spirale dont nous a parlé Pierre ! songe Jérôme en détournant son regard pour éviter d'attirer l'attention. En s'éloignant, sa surprise s'accroît quand il remarque d'un coup d'oeil que l'interlocuteur de ce type arbore un insigne « vague/spirale » identique.

- Ces mecs-là sont à surveiller. Visiblement ils ne me connaissent pas, mais restons prudent ! se dit Jérôme.

À la reprise des séances, il s'arrange pour se placer dans l'amphi à quelques rangées derrière les deux types. La journée se passe sans surprise et en fin d'après-midi les deux individus s'éclipsent pour prendre à pied la direction du centre ville avec Jérôme à environ cinquante mètres dans leur sillage. Puis ils rejoignent le bord de la Vistule où ils se promènent un bon moment en discutant. Brusquement ils font demi-tour et reviennent sur leurs pas. Jérôme a juste le temps de s'éclipser dans une échoppe et se félicite d'être resté loin en arrière. Après avoir parcouru un dédale de petites rues, les deux hommes traversent rapidement une cour intérieure à l'aspect moyenâgeux et Jérôme se risque à pénétrer dans cet espace où ils ont disparu. Alors qu'il longe prudemment les murs, il décèle un faible bruit de voix. Ce murmure arrive par une porte en bois massif légèrement entrouverte, il la pousse pour découvrir un étroit et long couloir qu'il emprunte sans hésiter.

Il débouche alors sur un petit escalier en colimaçon très faiblement éclairé qu'il descend à pas feutrés, guidé par le bruit diffus de voix montant des profondeurs. Arrivé en bas il découvre un nouveau corridor avec plusieurs changements de direction, des voix se rapprochent, il a soudain l'impression d'en être entouré. Prestement, il se dissimule dans un recoin providentiel pour juger de la situation. Il fait bien, car quelques secondes plus tard arrivent derrière lui plusieurs individus. Alors, il joue le tout pour le tout et, silencieux comme une ombre il se risque à leur emboîter le pas. Ils débouchent devant une entrée contrôlée par deux malabars, la situation se corse. Chaque arrivant lève la main et l'applique sur sa poitrine puis marmonne un mot que Jérôme ne comprend pas, un début de panique l'envahit. Il entend le dernier type de la file juste devant lui prononcer distinctement en anglais : « WAVES ALONE KNOW... » soit : « SEULES LES ONDES SAVENT ». Sans hésiter il fait demi-tour et se dissimule à nouveau dans le recoin. C'est en percevant faiblement à nouveau le bruit diffus, émergeant vraisemblablement d'une autre source, qu'il décide de palper les parois de cette niche obscure. Il découvre alors à hauteur d'homme un trou qu'une deuxième inspection révèle être l'entrée d'un petit boyau qu'il décide d'explorer. Au fur et à mesure de ses exercices de reptation la rumeur s'amplifie. Il rampe une bonne quinzaine de mètres environ, dans un boyau qui s'élargit progressivement en une sorte de petite grotte. Faiblement éclairée, elle se prolonge sur quelques mètres pour arriver sur une petite ouverture dominant une immense salle dont la vaste voûte surplombe une foule d'hommes et de femmes de tous âges discutant en toutes sortes de langues. Jérôme s'installe dans sa niche, de cet endroit discret il peut observer l'ensemble de l'assemblée.

- La chance est avec moi se dit notre ami, je suis tombé sur le bon conduit d'aération.

Les membres de cette nombreuse assistance sont assis face à une grande estrade. Cette dernière est occupée pour l'instant par une longue table rectangulaire et des chaises. Des personnes arborant le fameux insigne « vague/spirale » occupent le premier tiers des places, les deux autres tiers semblent réservés aux sans grade.

Le brouhaha des discussions cesse subitement. Dans un silence impressionnant neuf personnages vêtus de grandes capes blanches et de toques de couleur grise émergent un par un de l'immense tenture noire dressée derrière l'estrade et viennent solennellement s'asseoir derrière la grande table, face au public. Après un instant de recueillement un des hommes en blanc se dresse et annonce :

- Le Très Grand Maître !

Tout le monde se lève religieusement et un dixième personnage vêtu d'une cape et d'une toque rouge vient occuper le siège central. Puis l'homme se dresse, exécute quelques signes cabalistiques en écartant les bras et prononce plusieurs fois les mots: « SEULES LES ONDES SAVENT, ANTIGAVARITION » repris en chœur par le public. Il s'adresse en anglais à l'assistance.

- C'est aujourd'hui notre premier rassemblement d'importance. Après des débuts très modestes et incertains notre mouvement s'étoffe, c'est encourageant. Nous allons bientôt pouvoir agir de manière efficace en traquant et en punissant les hérétiques. Pour que chacun de vous, y compris les nouveaux adeptes, soit bien imprégné de notre ordre je vous relis notre charte.

Au sommet de notre structure pyramidale trônent nos divinités suprêmes : les ondes. Ces êtres fluides peuvent remplir une immense partie de l'espace, ou au contraire rester confinés dans de très petits volumes. Toutes puissantes et sacrées, les ondes sont animées de forces incommensurables que je qualifie de magiques, nous devons les vénérer et leur sacrifier nos ennemis. Le Maître Suprême est en liaison spirituelle constante avec nos divinités et n'a de compte à rendre qu'à ces dernières. Il en reçoit les directives - comme par exemple l'élimination des hérétiques - et les transmet à chaque Très Grand Maître qui est responsable d'une zone. Ce dernier fait suivre les ordres aux Grands Maîtres. Chaque Grand Maître dirige un clan composé de cellules. Chaque cellule comprend cinquante membres, elle est sous la responsabilité d'un Maître qui fait exécuter les ordres. Les nouveaux adeptes doivent jurer fidélité à notre charte, ils seront intronisés à la fin de cette séance et initiés à nos rites dans trois jours en ce même lieu, à la même heure.

Notre ligne de conduite est un combat incessant contre la connaissance et ses suppôts. Les progrès technologiques sont responsables du délabrement de la société. Le réchauffement climatique, les destructions écologiques, la pollution généralisée, le délire productiviste, la course à l'argent, la pauvreté galopante…sont les résultats du savoir.

Pour combattre ces méfaits nos moyens d'action sont variés. En premier lieu nous devons freiner par tous les moyens la diffusion du savoir et de la connaissance. De manière systématique nous devons discréditer, ridiculiser, stigmatiser, dénigrer, combattre en priorité les investigations relatives aux ondes et, plus généralement, à la science ! En deuxième lieu, notre mission est de traquer et intimider les individus dits de progrès, ce sont des hérétiques, les suppôts de la science en particulier - ils traitent nos divinités les ondes comme de vulgaires entités responsables de catastrophes, ils s'appliquent à prévoir leur comportement et les utilisent comme des laquais - si l'intimidation ne suffit pas il faut les éliminer par des actions de purification.

Un tonnerre d'applaudissements salue cette intervention. Le Très Grand Maître s'interrompt quelques instants, laisse le silence se rétablir puis se remet à déclamer.

- Vous n'êtes pas sans savoir que cette semaine, ici dans cette ville, des scientifiques organisent justement à l'Université, comme pour narguer notre ordre, un colloque international consacré aux ondes. À cette occasion ils célèbrent Nicolas Copernic - cet astronome qui représente la naissance de divagations à l'origine de la science - c'est de la provocation. Nous devons réagir. Notre mouvement prend corps et nous allons agir à grande échelle, nos actions punitives et purificatrices seront discutées en détail au niveau des cellules !

Avec une extrême prudence, grâce à un minuscule appareil photo, Jérôme s'est risqué, moyennant d'infinies précautions, à prendre quelques clichés. Il en a suffisamment appris et il repart comme il est venu, ce n'est vraiment pas le moment de se faire alpaguer. Une fois redescendu dans le couloir très obscur, il saisit l'occasion du départ de plusieurs individus pour se faufiler dans leur groupe. Puis il profite du labyrinthe de couloirs pour leur fausser compagnie. C'est avec soulagement qu'il se retrouve dans la rue. Ce périple souterrain lui a laissé une impression d'oppression et un arrière-goût d'irréel, il lui semble avoir rêvé : ça donne dans la bande dessinée style Tintin et Milou.

- Ces fanatiques préparent un véritable complot contre le monde scientifique, pense-t-il, je dois avertir d'urgence les responsables du colloque. Au préalable il me faut prévenir un scientifique de poids comme Solitonus. Peu de temps après il s'entretient au téléphone avec ce dernier.

- Voilà l'histoire, c'est à peine croyable, c'est vraiment par hasard que je suis tombé sur ce rassemblement d'illuminés !

- Je pense que tu as eu du flair mais tu risquais gros. En réalité c'est le genre de société secrète ou de secte par laquelle il est heureux de ne pas être découvert. Il faut aller vite, je contacte des responsables du colloque en qui on peut avoir entière confiance et je te rappelle.

Une heure plus tard notre jeune ami retrouve trois des principaux responsables du comité organisateur - dont Vladimir un jeune chercheur polonais que Jérôme connaît - dans un bureau d'un modeste pavillon à l'écart des bâtiments principaux de l'université. Il leur résume son étrange découverte et leur montre les photos qu'il a prises. C'est la stupeur et l'incrédulité d'autant plus que deux participants au colloque trônent sur l'estrade parmi les Grands Maîtres. En ce qui concerne ces deux types, il faut régler discrètement le problème au sein de l'Université. Pour les autres il faut informer la police. Dans le cas général il a été décidé d'informer la police de l'existence de cette secte et du futur rassemblement de ses membres.

À la sortie de cette réunion Vladimir s'approche de Jérôme avec un air de conspirateur et lui dit :

- On va employer les grands moyens, suis-moi ! Quelques minutes plus tard ils sont assis sur un banc dans un petit jardin et discutent à l'abri des oreilles indiscrètes. Puis ils se lèvent, marchent cinq minutes et entrent dans un bâtiment où logent les participants qui ont choisi le campus comme résidence, au nombre desquels figurent les deux pseudo scientifiques, parcourent un long couloir et s'arrêtent devant l'entrée d'une chambre. Vladimir a prévenu Jérôme que tous les participants sont au restaurant universitaire, néanmoins il frappe pour s'en assurer avant de sortir un passe pour ouvrir la porte :

- Jérôme, merci d'aller faire le guet à l'entrée, à la moindre alerte tu fais juste sonner mon portable, il est en veille.

Vingt minutes passent, elles paraissent interminables à Jérôme. Enfin, Vladimir réapparaît la mine détendue, et Jérôme lui emboîte le pas jusque dans un endroit retiré du bâtiment de mathématiques. Là, il pénètre dans une salle d'informatique et sort de sa poche une clé USB qu'il connecte à un ordinateur :

- J'ai dupliqué certains fichiers de son portable, ils sont protégés mais on va essayer de craquer le code. Il fait alors une deuxième copie des dossiers stockés dans la clé USB et ils se mettent alors à pianoter chacun sur un clavier. Une heure après ils ont le sourire aux lèvres ; ils ont mis la main sur des informations déterminantes. Sur l'écran de Vladimir apparaissent les organigrammes de différents clans dans le monde, seuls certains pays d'Europe, l'Amérique du nord et une partie de l'Asie sont concernés. Beaucoup de clans de la secte sont en cours de structuration. La liste détaillée est cryptée et les coordonnées des responsables ne sont pas toutes accessibles.

- C'est pas mal mais, à part ce que j'ai appris lors mon périple souterrain, il est difficile de savoir ce qu'ils mijotent... fait Jérôme alors que sur son écran apparaît une liste de titres qui semblent correspondre à des d'actions à entreprendre mais dont la date et le lieu ne sont pas précisés.

Dans l'heure qui suit nos deux compères transmettent au comité d'organisation leurs résultats bien insuffisants à leur goût. D'un commun accord il est décidé de garder le plus grand secret sur cette affaire pendant trois jours, en attendant le moment où le clan local doit initier ses adeptes. Pour sa sécurité Jérôme demande à conserver l'anonymat le plus strict et, tel un caméléon, se fond dans le public des conférences.

Le jour J en début de soirée la police, informée par l'université et guidée par Jérôme, cerne discrètement la place, bloque les issues de l'endroit souterrain et l'investit alors que la secte est en pleine séance d'initiation. C'est la surprise. Malgré leurs protestations, les membres de la secte sont rassemblés sur place pour un contrôle d'identité, puis ils sont interrogés et fichés. Les supposés meneurs font l'objet d'un traitement spécial : ils sont conduits sans ménagement au poste où ils sont à nouveau interrogés, enregistrés et gardés à vue. Certains d'entre eux cédant à la panique avouent avoir déjà répandu de fausses nouvelles sur la science et ses applications et être en train de préparer certains sabotages.

Tandis qu'a lieu ce coup de filet d'envergure, les organisateurs du colloque profitent d'une conférence plénière, où tous les participants sont présents, pour dénoncer publiquement les agissements des deux pseudo scientifiques affublés du titre de Très Grand Maître que Jérôme a démasqués. Dans le même temps la communauté scientifique internationale, celle qui travaille sur les ondes - en priorité bien sûr les chercheurs à qui Eric a rendu visite - est informée de l'existence de cette secte, de ses ramifications possibles et des complots qu'elle prépare. Dans un deuxième temps les médias et les pouvoirs publics sont prévenus, grâce à Internet la nouvelle fait rapidement tache d'huile et les membres de « vague/spirale » sont traqués. En particulier des porteurs d'insignes sont repérés et arrêtés un peu partout dans le monde. Néanmoins, malgré les recoupements faits à partir des informations fournies par les scientifiques déjà au courant de la situation, il est impossible de démasquer tous les membres de la secte qui ont sournoisement infiltré des organismes scientifiques et des laboratoires.

8. Des Catastrophes dites naturelles ?

Quelques jours plus tard dans la grande bâtisse de Beaune, alors que Jérôme vient de conter dans le détail ses tribulations polonaises, Eric le félicite :
- Tu as vaillamment dénoué une partie de l'énigme, c'est du beau boulot.
- J'abonde sans réserve dans ce sens, renchérit Pierre.
- N'en ajoutez pas. En fait je me suis souvenu du Polonais qui, à Paris, nous avait fait des misères à Eric et moi. En plus, le hasard m'a mis en présence de ces deux soi-disant scientifiques, porteurs d'un badge « vague/spirale » et je me suis décidé à agir.
- En tout cas tu t'es bien débrouillé. Moi, pendant ce temps-là, je me suis penché sur l'aspect non naturel des désastres provoqués par les ondes. Je vous présenterai mes conclusions dès que je serai rentré d'Allemagne.
- Eh bien, bon voyage chez les Germains... ! fait Jérôme.

Arrivé la veille à Duisburg - une ville industrielle par excellence qui s'étend autour du confluent de la Ruhr et du Rhin - Eric se retrouve dans une petite salle de séminaire de l'université en compagnie d'une trentaine de personnes, dont des étudiants et des chercheurs, pour assister à un séminaire informel pluridisciplinaire sur les aspects scientifiques du trafic automobile, donné par le professeur Heinrich Staaf, un grand brun dont le regard pétille derrière ses larges lunettes.
- Comme vous avez pu vous en rendre compte, fait-il en anglais, notre région, fort peuplée, est sillonnée par de nombreuses autoroutes, d'où une circulation automobile très intense. Nous sommes donc particulièrement bien placés pour cette étude. Il poursuit :
- Chacun de nous connaît l'énervement et la frustration que les ralentissements, la congestion de la circulation et les bouchons apportent aux automobilistes. Souvent, sans raison apparente, pris dans le flot

de voitures on est obligé de rouler au pas et même de s'arrêter, puis soudain tout redémarre et on reprend sa vitesse de croisière

- Vous avez donc élaboré un modèle ? fait Eric.

- Parfaitement, nous avons développé un programme numérique de simulation du trafic pour aider les conducteurs en essayant de prévoir les ralentissements, les débuts de congestion et la formation de bouchons... dit Heinrich Staaf en accompagnant son discours de gestes amples.

En fait l'idée n'est pas nouvelle : dans les années soixante, un scientifique du laboratoire de la General Motors fut, avec certains de ses collègues, parmi les premiers physiciens à étudier le trafic routier en appliquant les principes de la physique statistique. Puis la communauté scientifique négligea ce problème jusqu'à la fin des années quatre-vingts où des observations nouvelles relancèrent les investigations.

- Et des idées nouvelles ?

- Tout à fait. Quand un scientifique réfléchit à la modélisation du trafic automobile il considère la voiture et son conducteur comme un système physique unique. Le chauffeur réagit en fonction des mouvements des autres véhicules - en regardant devant lui et dans son rétroviseur - et ajuste la conduite de sa propre voiture qui devient un élément du flux automobile, une grandeur correspondant au nombre de véhicules par unité de temps, se déplaçant sur la route.

- Ainsi, le trafic routier n'est pas seulement un simple processus de mécanique physique ?

- Non, en réalité c'est un processus non linéaire fort complexe, car il met en jeu des réactions et des décisions humaines.

On peut considérer trois phases : le trafic normal non perturbé, le flux synchrone et enfin le bouchon. Dans le cas intermédiaire le trafic est dense et les voitures roulent de manière synchronisée comme des marcheurs avançant au pas. Mais c'est un régime instable, qui peut se développer et évoluer vers une onde de trafic. Je précise : supposons qu'une personne observe, depuis un pont, la circulation automobile sur une autoroute à deux voies par exemple. Elle aperçoit deux files de voitures se déplaçant à des vitesses différentes. Sur certaines portions d'une file le trafic peut être faible et rapide : la distance entre les voitures est assez grande. Sur d'autres il peut être dense et lent, dans ce cas l'espace entre les autos est faible et il en est de même pour leur vitesse.

Dans ce contexte, considérons une file où l'intervalle entre chaque voiture est à peu près le même. Si la première voiture ralentit - parce que le chauffeur de la voiture de la file d'à côté change brutalement de file ou parce qu'une voiture débouche sur l'autoroute par une voie latérale - l'écart avec la voiture qui la suit immédiatement diminue car son conducteur doit ralentir ou freiner pour éviter la collision, il en est de même pour les chauffeurs des voitures suivantes. Cette diminution d'intervalle se propage de proche en proche en sens inverse du flux de voitures, c'est-à-dire à contre-courant : c'est une onde de choc dénommée onde de trafic.

- Le mot choc n'implique pas de choc physique, je suppose ? dit Eric.

- Non, c'est une transition rapide dans la distribution des intervalles entre véhicules. Si on représente cette distribution en fonction de la distance sur l'autoroute, elle se traduit par une onde à front raide en forme de marche d'escalier. On peut la comparer à une vague, du type mascaret, si l'on assimile le flux de voitures à un flux de particules fluides comme dans un écoulement.

- Excusez-moi, mais on peut envisager qu'un conducteur fasse volontairement un écart afin d'initier ce genre d'onde de trafic ? dit une jeune femme au fond de la salle en se levant.

- Parfaitement madame, mais c'est un jeu fou et dangereux pouvant conduire à la catastrophe !

Quelqu'un d'averti aurait reconnu dans la jeune femme Aline, la compagne d'Eric. Travaillant dans la police à Paris, elle a pris quelques jours de congé pour accompagner son ami. Elle se déplace dans l'ombre de ce dernier, pour surprendre un sbire éventuel de « vague/spirale »

Alors que Heinrich répond aux questions, Aline observe discrètement un individu assis pas loin d'elle. Elle est sûre de l'avoir déjà vu hier soir dans le couloir de son hôtel mais aussi avant de venir à Duisburg, mais où ? Il ne porte pas de badge « vague/spirale », ce n'est pas surprenant après la répression dont leur secte a fait l'objet. Au moment où, ponctué par une salve d'applaudissements, le séminaire se termine, le type se tourne légèrement et Aline en profite pour le photographier avec son portable. Puis, tandis qu'Eric discute avec Heinrich, le type sort en se retournant plusieurs fois comme s'il attendait quelque chose. Sur ses talons, Aline quitte la salle et a juste le temps de le voir pénétrer dans le hall et se perdre parmi les groupes d'étudiants. Une fois à l'hôtel elle transmet par e-mail ses photos à Jérôme et Pierre. La réponse ne se fait pas attendre : ce type est un membre éminent de « vague/spirale » comme l'atteste une photo de l'assemblée générale de la secte prise par Jérôme au cours de son périple polonais. Il a donc échappé à la rafle de police de Torun. Aussitôt Aline prévient Eric qui met Heinrich au courant de la situation. En accord avec la police locale ils décident de faire surveiller les agissements de ce suspect. Bien leur en prend car, le soir même, un individu est contrôlé par la police de la route pour avoir provoqué un carambolage sur l'autoroute. Appelé sur les lieux de l'accident en tant que spécialiste Heinrich invite Eric à l'accompagner. Il n'y a que des blessés légers et quelques véhicules hors d'usage. Un des accidentés au front ensanglanté est hors de lui et répète inlassablement dans la langue de Goethe :

- Ce type a changé si brutalement de file que j'ai pensé que son acte était volontaire! D'autres chauffeurs aux voitures endommagées abondent dans ce sens.

Prenant Heinrich à témoin, Eric dit :

- Ce fait divers représente une belle application concrète de votre exposé sauf que l'onde de trafic s'est transformée en un véritable choc physique !

- Oui, malheureusement.

Vu les circonstances de l'accident et la concordance des témoignages, le chauffeur indélicat est directement emmené au poste de police où après plusieurs heures il finit par reconnaître qu'il a donné brusquement un coup de volant. Aline qui, avec Eric, a assisté à l'interrogatoire demande aux policiers de présenter à ce type la photo du suspect mis sous surveillance. Après un temps à nouveau interminable il admet que cet homme sur la photo lui a dicté la volonté de l'Être Suprême : en tournant brusquement le volant il devait l'aider à se matérialiser en une onde divine de trafic destinée à éliminer les êtres impurs. Une perquisition dans sa chambre d'hôtel permet de cueillir le suspect au moment où il allait s'enfuir et de découvrir dans ses bagages une liste de noms et d'actions à entreprendre. À l'issue d'un interrogatoire qui dure une partie de la nuit ce Très Grand Maître au regard d'halluciné avoue sans complexe que beaucoup d'actions punitives en préparation sont destinées à purifier la société. Forte de ces informations la police réussit, en opérant sur le champ, à mettre la main sur plusieurs membres de « vague/spirale ». Néanmoins, le bilan est maigre.

Dès son retour à Paris Eric raconte ses tribulations et présente les grandes lignes de son reportage à son rédacteur en chef.

- Je n'aurais pas imaginé que des ondes puissent présenter des propriétés aussi fascinantes et surprenantes ! fait son patron.

- Exactement, et pour te donner une idée de leur variété, je t'en dresse une liste non exhaustive :

les vagues de houle, les ondes solitaires ou solitons, les vagues scélérates, les ondes de choc, les mascarets, les crues éclair, les laves torrentielles, les ondes sismiques, les tsunamis, les tornades, les cyclones, les ondes de tissu cardiaque, les ondes de foule, les ondes neuronales, les ondes cérébrales, les ondes de combustion, les ondes d'épidémie, les ondes de trafic

- Toutes peuvent provoquer des catastrophes ?

- Tout à fait, dans des registres différents elles peuvent avoir des effets et des conséquences dramatiques. Je mets de côté le soliton, c'est une onde qui est synonyme de grande durée de vie au cours de sa propagation et de robustesse lors de son interaction avec les autres. Son concept - on pourrait même dire sa philosophie - est fondamental et utile pour étudier les ondes dites non linéaires de cette liste. J'ajoute, et cela me dépasse, que les mêmes équations peuvent décrire le comportement de types d'ondes différents.

Une autre facette de mon enquête, qui n'est pas négligeable, confirme que, par sa sottise et sa cupidité, l'être humain a une responsabilité importante dans les catastrophes induites par les ondes. À cela il faut ajouter les intentions malfaisantes des individus illuminés et fanatiques de la secte « vague/spirale ». J'ai essayé de me glisser dans la peau de ces gens-là. À partir des remarques et des suggestions recueillies auprès des spécialistes à qui j'avais rendu visite et bien d'autres scientifiques, j'ai cherché à comprendre comment les membres de « vague/spirale » pouvaient être nuisibles. Je te révèle des éléments de réponse à mes questions :

Je commence par les tremblements de terre. Si ce genre d'évènement, provoqué naturellement par le glissement de plaques tectoniques, se produit dans une zone désertique il est bien évident que les ondes sismiques ne vont pas occasionner à la ronde des catastrophes matérielles et humaines. Par contre si la zone est habitée, c'est-à-dire vulnérable, les ondes sismiques vont provoquer des désastres dont l'impact et l'étendue dépendent de la concentration de population. Or, des fanatiques d'une secte du type « vague/spirale » peuvent, dans leur délire antiscientifique, avoir l'idée soit de provoquer artificiellement un séisme, soit d'augmenter sournoisement cette vulnérabilité. D'un point de vue pratique la première solution apparaît difficile, néanmoins une explosion nucléaire souterraine n'est pas à exclure, elle peut engendrer un mini séisme primaire. Ce dernier peut induire des changements dans la stabilité d'une faille et être la cause indirecte d'un séisme secondaire plus puissant. Dans cet ordre d'idée l'effondrement provoqué d'une ancienne mine de charbon ou d'autre matériau peut initier un mini séisme.

D'un autre côté, augmenter la vulnérabilité paraît plus facilement réalisable, par exemple en favorisant discrètement - grâce à l'appui de politiques dénués de scrupules et l'aide de promoteurs véreux - la part des constructions non parasismiques à bas prix dans les régions menacées. À ce propos le séisme de magnitude 7,9 sur l'échelle de Richter qui vient récemment de dévaster la province chinoise de Sichuan un lundi en début d'après midi a fait des dizaines de milliers de morts tout particulièrement avec l'effondrement de nombreux bâtiments scolaires provoquant la mort de milliers de petits innocents. Il n'est pas exclu que des promoteurs, des entrepreneurs ou des responsables aient triché sur la qualité de la construction : une enquête officielle a été ouverte.

- C'est horrible ce que tu racontes, fait le rédacteur en chef.
- C'est vrai mais avec ce genre d'individus fanatiques ou cupides ce que je viens de dire s'applique aussi aux tsunamis puisqu'ils découlent en majorité des séismes, quoique des mini tsunamis peuvent être provoqués par des glissements de terrain. La vulnérabilité va croître avec la concentration de population sur les côtes basses, si les opérations de prévention et d'information sont volontairement limitées et si les rivages sont l'objet de déforestation anarchique et systématique, par exemple pour favoriser des installations de pêche industrielle ou des complexes hôteliers et touristiques géants.

Pour les crues éclair ou les laves torrentielles, le problème est similaire. Elles peuvent être déclenchées par des lâchers de barrage, des vidanges de réservoir. La vulnérabilité sera amplifiée si des constructions sont implantées au voisinage des lits des torrents ou installées dans leurs cônes de déjections. Des débris de toutes sortes comme des arbres déracinés, des déchets plastiques, des éléments arrachés aux constructions peuvent s'accumuler en un endroit du torrent et former un barrage naturel ou artificiel, particulièrement si des gens mal intentionnés ont discrètement contribué à son élaboration. Dans ce cas, si le débit augmente, la pression croissante de l'eau fait céder le barrage et une énorme quantité d'eau se libère brutalement sous forme d'une vague importante qui va surfer sur le courant moyen du torrent et tout dévaster sur son passage. Un phénomène similaire peut se produire dans les pays froids, comme le Canada, où la glace peut s'agglomérer, via un processus favorisé par la main humaine, pour obstruer la rivière et créer un embâcle de glace. Ce dernier peut littéralement exploser sous la pression du courant et libérer une énorme vague dévastant tout sur son passage.

La vulnérabilité dépend de la transformation de l'environnement naturel, de manière inconsciente ou volontaire, j'insisterai sur ce deuxième aspect. Dans ce cadre, l'urbanisation débridée, l'occupation anarchique des sols, la rectification des lits fluviaux, les aménagements hydrauliques et le tassement des sols, peuvent être stimulés insidieusement par des fanatiques de « vague/spirale ». Un petit hochement de tête du rédacteur accompagne les déductions d'Eric.

- Evidemment, lance ce dernier, pour les cyclones et les tornades il n'est pas possible de modifier les paramètres et les trajectoires de ces ondes pour accentuer la vulnérabilité. Néanmoins, elle pourra croître si des pressions, politiques ou autres, sont exercées en vue de la construction d'habitations situées en zone critique ou de la modification du profil d'un delta alluvionnaire et de sa protection naturelle comme à La Nouvelle Orléans. Dans ce contexte je me dois de mentionner le cyclone Nargis qui, tout récemment vient de dévaster le sud-est de la Birmanie et faire 130 000 morts et disparus. Dans ce cas la dégradation et la déforestation de la mangrove, ou écosystème côtier, ont largement contribué à l'inondation de la côte du delta de l'Irrawaddy provoquée par les vagues de tempête. À cette vulnérabilité avancée de la forêt côtière induite par l'homme il faut ajouter la vulnérabilité due au comportement aberrant de la junte militaire au pouvoir. Comme tous les régimes totalitaires elle se montre hermétique à toute aide étrangère, au respect de la vie humaine et à une information transparente et utile.

- En réalité tu considères que l'on peut modifier la vulnérabilité de deux manières : en jouant sur le phénomène c'est-à-dire l'onde, mais surtout en influant sur l'environnement naturel et humain.
- Tout à fait. Par exemple en Asie, des capitaux étrangers ont joué un rôle en fragilisant, sous forme de tourisme ou de pêche industrielle, les côtes de l'Océan Indien face à la puissance destructrice du tsunami !
- Ça donne à réfléchir !
- J'en viens maintenant aux autres types d'ondes. Pour les feux de forêts, il est malheureusement facile de les allumer et il est fort probable que des pyromanes potentiels se trouvent parmi les gens de la secte. De surcroît, la vulnérabilité environnementale peut être accrue en promouvant et facilitant les constructions dans des zones sèches, ventées et boisées avec des essences à risque.

Pour les ondes biologiques comme les spirales cardiaques et les ondes cérébrales il est possible de favoriser leur apparition à partir de drogues appropriées. De cette manière il est possible d'initier de manière involontaire ou volontaire une fibrillation cardiaque ou une dépression cérébrale.
- Ça tourne au crime organisé !
- C'est vrai mais je le mentionne car, avec ces fanatiques, nous devons envisager tous ces cas de figures.

Dans cet ordre d'idée, des ondes épidémiques peuvent être initiées à partir de l'inoculation de germes ou de virus à des êtres vivants. C'est sinistrement réalisable.

À cette analyse qui peut faire frémir j'ajouterai la Ola qui peut se transformer en émeute. C'est un cas particulier d'onde de foule dont nous avons discuté et que nous avons expérimentée au Stade de France. Une bande de meneurs organisés peut la déclencher.
- Tu as raison, d'autant plus que c'est un prototype d'onde particulièrement spectaculaire.
- Finalement, l'onde de trafic routier dont j'ai appris l'existence et

découvert les propriétés lors de mon récent voyage en Allemagne ne doit pas être oubliée. Elle peut être à l'origine de catastrophes routières du genre carambolages ou autres accidents collectifs.

- En t'écoutant je me pose la question suivante. Il est paradoxal de voir les gens se traumatiser outre mesure à propos des effets biologiques supposés nocifs des micro ondes rayonnées par les émetteurs des téléphones portables alors que d'autres types variés d'ondes, scientifiquement reconnus et de réalité physique certaine, provoquent des catastrophes à longueur d'année.

- Moi aussi je me suis posé maintes fois cette question. Je dois dire que pour ces ondes électromagnétiques de faible amplitude, dites linéaires, mais de très haute fréquence on n'a pas d'explication scientifique satisfaisante quant à leur influence ou non sur la cellule humaine.

- D'autre part, je me demande pourquoi une secte du genre vague/spirale a vu le jour ?

- D'après mon enquête la réalité physique des ondes se présente sous de multiples facettes. Teintées de merveilleux, de magie et de mystère, elles suscitent à la fois admiration, crainte et respect dans l'esprit populaire. D'un autre côté elles apparaissent sous toutes les formes de manière souvent imprévisible et elles sillonnent notre planète apportant çà et là catastrophes, destructions et malheurs. Ceci peut expliquer pourquoi, dans notre société rationnelle censée tout expliquer et prévoir, cette secte n'a pas eu de difficulté à diviniser ces ondes et recruter des adeptes !

- Oui, mais elle a réussi à infiltrer le milieu scientifique !

- C'est vrai, mais en réalité ça ne concerne que quelques éléments, soit un nombre relativement restreint de « savants fous » vouant un culte aux divinités ondulatoires mais diabolisant la connaissance. Une majorité de ces praticiens de l'antiscience et de leurs adeptes est maintenant hors d'état de nuire.

- Espérons que le démantèlement de « vague /spirale » sera total !

- Internet, ce réseau mondial où on trouve de tout, a joué un rôle

primordial dans la transmission de leurs idées et dans le recrutement de leurs suppôts, plus que jamais la vigilance s'impose.
- Tout à fait, il faut insister sur ce point !
- Merci de m'avoir proposé ce reportage. Les ondes sont de merveilleuses et fascinantes manifestations de la nature qui peuvent développer une puissance colossale. La prévision des catastrophes qu'elles sont susceptibles de générer passe par une connaissance sans cesse croissante de leurs propriétés.

Quelques jours plus tard, dans la grande bâtisse beaunoise on retrouve Eric et ses amis réunis autour d'une table bien garnie pour festoyer et déguster quelques grands crus à la santé des ondes...

Références

Dans ce « roman scientifique », les ondes sont présentées sous une forme qui ne nécessite aucune connaissance particulière préalable. Cette vulgarisation s'appuie sur des résultats scientifiques reconnus. Le lecteur désirant en savoir plus pourra poursuivre son voyage dans ce monde passionnant en puisant graduellement des informations parmi les quelques références ci-dessous choisies parmi tant d'autres :

- F. S Crawford, *Ondes,* Berkeley, Armand Colin, Paris (1972)
- Open University Course Team. *Waves, Tides and Shallow- water Processes*. Pergamon Press, Oxford (1989)
- Remoissenet M. Ces Ondes nommées Solitons, dans Le Journal Littéraire,15 septembre, p 43 (1987)
- Witham G.B. *Linear and Nonlinear Waves*, Wiley (1974)
- Drazin P.G et Johnson R.S. *Solitons, An Introduction.* Cambridge University Press (1993)
- Peyrard. M et Dauxois. T. *Physique des solitons.* EDP Science, CNRS Editions, Paris (2004)
- Remoissenet. M. *Waves Called Solitons*, Springer (4ème édition), Berlin, New York (2003)
- Hébert. H. et Schindelé. F. *Peut-on prévoir les tsunamis ?* Le Pommier Paris (2006)

Table des matières

1. Vagues géantes et Solitons — 9

2. Mascarets, Crues éclair et Laves torrentielles — 37

3. Des Séismes aux Tsunamis — 57

4. Les Ravages du Tsunami — 87

5. Tornades et Cyclones — 107

6. Ondes cardiaques, de foule, et de combustion — 139

7. Ondes cérébrales, « vague/spirale » — 167

8. Des Catastrophes dites naturelles ? — 185

www.ingramcontent.com/pod-product-compliance
Lightning Source LLC
Chambersburg PA
CBHW020651220526
45464CB00001B/385